KB215507

스크럼으로 소프트웨어 제품 관리하기

비즈니스 전략에 맞춘
고객과 사용자 중심의 소프트웨어 개발 전략

스크럼으로 소프트웨어 제품 관리하기

비즈니스 전략에 맞춘
고객과 사용자 중심의 소프트웨어 개발 전략

로만 피클러 지음 | 박현철 · 류미경 옮김

에이콘

이 책에 쏟아진 각계의 찬사

제품 책임자는 애자일 프로젝트에서 가장 힘든 역할을 맡고 있음에도 별다른 조언을 구할 만한 곳이 거의 없었다. 이 책이 바로 그 점을 보완해준다. 제품 책임자의 의무에 관한 로만 피클러의 통찰력은 강렬하고 매우 실질적이다. 제대로 적용하면, 로만 피클러가 한 조언은 모든 제품 책임자와 애자일 팀에게 도움이 될 것이다.

– 마이크 콘 / 『경험과 사례로 풀어낸 성공하는 애자일』,
『불확실성과 화해하는 프로젝트 추정과 계획』, 『사용자 스토리』의 저자

제품 책임자가 가치를 어떻게 극대화할지에 관해 스크럼에서는 별다른 방향을 제시해주지 않는다. 대다수 제품 관리자와 마케팅 담당자들은 가치의 극대화를 위해 반복적이면서 점진적인 성질의 스크럼을 어떻게 이용하는지도 잘 모른다. 로만은 그의 새로운 저서 『스크럼으로 소프트웨어 제품 관리하기』를 통해 그 공백을 멋지게 채워놨다.

– 켄 슈와버 / 스크럼 프로세스의 공동 개발자

참조할 문헌조차 거의 없는 '애자일 제품 관리' 분야에 로만이 큰 기여를 했다. 이 책은 애자일 제품 관리자와 성공적인 제품 책임자가 되는 방법은 물론, 강력한 비전을 가지고 팀을 이끄는 방법에 관해 명확한 가르침을 주고 다양한 사례를 제시한다. 스크럼에 익숙하지 않은 제품 관리자와, 제품 관리에 익숙하지 않은 제품 책임자, 그리고 애자일의 효과를 톡톡히 보고자 하는 제품 관리자라면 모두가 읽어야 하는 책이다.

– 그레그 코헨 / 280그룹 대표컨설턴트이자 실리콘밸리 제품관리협회 이사

나는 로만이 무슨 생각을 하는지 들어보는 일이 항상 즐겁다. 내가 이 책을 정말 좋아하는 이유는 그가 자신의 경험만을 공유하는 데 그치지 않고(이 책의 '흔히 하는 실수' 절은 내용이 정말 좋다), 이 분야에서 활동하는 다른 사람들의 지혜도 채택했기 때문이다. 이렇게 효과적인 조합 덕분에 그는 더 멀리 볼 수 있고, 그 비전을 우리와 함께 나눌 수 있는 것이다. 로만, 고마워요!

– 린다 라이징 / 프리랜스 컨설턴트이자
『Fearless Change: Patterns for Introducing New Ideas』의 공저자

로만 피클러의 주목할 만한 이 책은 전체 가치 사슬에 스크럼을 적용하면서 제품과 제품 책임자의 역할을 중점적으로 다루고 있다. 코치로서의 경험을 통해 제품 라이프사이클 중에 발생할 수 있는 모든 상황에 적용 가능한 균형적이고 실용적인 솔루션에 도달하게 해준다. 이 책은 현업에 있는 모든 이를 위한 애자일 제품 관리에 관한 최고의 참고서다!

– 마커스 앤드레작 / 모바일닷인터내셔날 GmbH의 제품 개발 아웃소싱 팀 팀장

로만 피클러의 이번 책은 스크럼에서 제품 책임자의 중추적인 역할을 읽고 이해하기 쉽게 설명해놨다. 비전과 리더십의 중요성은 물론, 최소한의 시장성을 갖춘 제품과 짧은 릴리스 주기도 강조한다. 이 책은 새로운 제품 책임자에게는 자신의 일에 익숙해지는 데 필요한 자원이 되며, 경영진에게는 해당 직책에 알맞은 사람을 선택하는 데 훌륭한 조언이 된다.

– 안드레아 헥 / 전산학 석사, 애자일 전환 프로젝트 관리자

제품 책임자는 스크럼에 있어서 중요한 역할이며, 로만이 쓴 이 책은 제품 책임자가 성공하는 데 도움되는 반가운 책이다.

– 크레이그 라만 / 『대규모 조직에 적용하는 린과 애자일 개발』과
『Practices for Scaling Lean & Agile Development』의 공저자

상식이 통하는 로만의 접근법은 제품 책임자 역할 이면에 숨겨진 기본적인 개념을 살펴보고 그 위에 개념을 정립함으로써 스크럼을 근본으로 되돌려놓는다. 팀워크에 초점을 맞춘 것은 프로세스 중심으로 스크럼을 바라보는 견해에 더 없이 반가운 해결책으로, 제품 책임자의 역할이 어떻게 변하고, 전통적으로 운영되던 프로젝트 상태에 어떻게 도전하는지를 보여준다. 자신의 경험은 물론, 다른 이들의 경험을 활용한 실제 사례를 인용해 스크럼에서 흔히 발생하는 문제를 제품 책임자가 해결하는 방법을 명확히 제시한다. 실용적인 조언이 풍부한 이 책은 스크럼 제품 책임자를 관리하거나 제품 책임자가 되고자 하는 사람, 그리고 스크럼을 사용해 성공적으로 제품을 출시하고자 하는 사람 모두를 위한 책이다.

– 사이먼 베넷 / EMC 컨설팅 글로벌 역량 리더 겸 제품 책임자

이 책은 애자일 제품 관리자와 제품 책임자, 비즈니스 분석가, 그리고 우수한 애자일 제품 관리자가 되고자 하는 사람에게 매우 귀중한 참고자료다. 로만은 애자일 계획 수립의 모든 것에 관한 실용적인 조언을 해주고 길잡이가 돼주며, 제품 백로그를 관리하고 입력하는 방법, 비전, 가치, 협력에 관한 필수 활동을 공유해 주고 있다. 이 책은 애자일 제품 관리라는 복잡하고 다양한 측면을 가진 그 방법을 제대로 인지하게 해줄 것이다. 무엇보다도, 성공적인 애자일 팀에서는 모두가 제품 관리자처럼 생각하기 때문에 모든 애자일 팀원이 이 책을 읽으면 도움이 될 것이다.

– 엘렌 고테스디에너 / EBG 컨설팅 회장이자 창업자

애자일 소프트웨어 개발은 짧은 반복을 통해 요구사항을 제대로 동작하는 소프트웨어로 점진적으로 변환시킨다. 이 책은 제품 조직의 가장 중요한 질문에 대한 답을 해준다. "우리가 올바른 제품을 개발하고 있는 것일까?" 또한 로만이 부제목으로 삼은 것처럼, 고객과 사용자 중심의 제품을 만들어낼 수 있게 해준다. 로만의 책은 광범위한 비전을 의미 있고 이해가 가능한 요구사항으로 탈바꿈시켜 주는 연결고리로, 우리가 그토록 오래 기다려왔던 것이다. 이 책은 새로운 소프트웨어 제품의 개발 비용과 시장 출시 기간을 줄이고자 하는 제품 관리자와 경영진에게 완벽한 가이드다.

– 요헨 크렙스 / 인크리멘토 창업자, 『엔터프라이즈 애자일 프로젝트 관리』의 저자

로만은 제품 책임자라는 역할의 중요성과 문제점, 그리고 단점을 제대로 설명해주는 애자일 제품 관리 서적을 출간했다. 실질적인 예제를 제시하고, 흔히 하는 실수를 강조하고, 각 장마다 마지막 부분에 회고를 위한 질문을 제공함으로써 제품 책임자의 역할을 쉽게 다가갈 수 있고 수행 가능한 것으로 만들었다. 이 책은 스크럼을 구현하고자 하는 모든 조직에서 읽어야 할 책이다.

– 제시카 힐드럼 / 노르웨이 최고의 애자일 트레이닝 회사의 전 CEO

성공적인 모든 애자일 개발 팀의 핵심에는 비전이 있고, 업무에 전념하며, 권한을 가진 제품 관리자가 있다. 이 책에서 로만 피클러는 모든 스크럼 팀이 놀라운 결과를 거두게 하는 바로 그 역할에 대한 단순하고 명확한 정의를 내려줬다. 애자일 개발에서 가장 중요한 역할을 알려주는 이 책이야말로 당신을 위한 책이다. 새로이 발을 내딛는 제품 책임자의 필독서다!

– 스티브 그린 / 세일즈포스닷컴 프로그램 관리와 애자일 개발 부문 부사장

추천의 글

– 제프 서덜랜드 / 스크럼 공동 창시자

제품 책임자라는 역할은 대부분의 기업에게는 생소한 역할이므로, 흥미롭고 이해하기 쉬운 이 책의 설명이 꼭 필요하다. 오브젝트 테크놀로지 사의 부사장이었을 당시, 스크럼으로 생성한 첫 번째 제품을 배포할 책임을 졌던 나는 처음으로 제품 책임자를 선정했다. 새 제품은 회사를 흥하게 할 수도, 망하게 할 수도 있는 제품으로, 시장의 판도를 뒤바꿔 놓을 개발 도구를 내놓기까지 6개월의 개발 기간이 걸렸다. 규모는 작지만 신중하게 팀원을 선정해 구성한 팀으로 그 제품을 개발하는 것 외에도, 나는 새 제품을 출시하기 위해 회사 전체를 그에 맞게 구성해야 했다. 제품 출시까지 몇 달을 채 남겨두지 않은 상황이다 보니 제대로 만든 최소한의 기능이 성공이나 실패를 결정하리라는 것이 확실해졌다. 하지만 안타깝게도 제대로 우선순위를 정한 기능을 먼저 정확하게 짚어내고, 그 기능을 팀이 작업할 수 있도록 작은 제품 백로그 아이템으로 분해하기 위해, 고객과 이야기를 나누는 데 시간을 투자하거나 경쟁사를 눈여겨볼 충분한 시간이 없었다.

첫 스크럼마스터인 존 스컴니오탈레에게 이미 기술적인 부분에 대한 권한을 이임했지만 제품 책임자 또한 필요한 상황이었다. 회사 내에서 모든 인적자원에 대한 접근권한을 보유했던 나는 미리 생각해 둔 그 역할을 위해 제품 관리 팀에서

적임자인 돈 로드너를 선발했다. 첫 제품 책임자로서 돈은 제품, 사업계획, 수익에 대한 비전과 로드맵과 배포 계획, 그리고 가장 중요한 항목으로, 미리 잘 손질해 놓고 정확하게 우선순위까지 정한 제품 백로그를 갖고 있어야 했다.

돈은 자신의 시간 절반을 팀과 함께했으며, 나머지 절반은 고객과 함께하는 데 사용했다. 내가 회사 전체와 함께 제품명과 브랜드, 마케팅 전략, 의사소통, 판매계획, 교육에 관한 작업을 하면서, 동시에 매일 스크럼 회의에 참석하고 팀의 장애물을 제거해 주는 동안, 돈은 제대로 된 제품을 출시하는 일을 맡았다. 돈은 제품 마케팅 관리자라는 역할보다 더 큰 책임을 맡아야 했다. 갑자기 돈이 새로운 사업부문을 맡게 된 것이다. 그와 동시에 그는 엔지니어링 팀에 던져져 매일 팀에게 설명을 하고 동기부여를 해야 했다. 시장과 팀을 동시에 책임진다는 것은 완전한 몰입 경험이다.

훌륭한 제품 책임자가 갖춰야 할 강한 집중력과 성공에 대한 책무에 대해서는 이 책에 명확히 나와있지만, 실제로 제품을 만드는 회사나 IT 팀에서 좋은 제품 책임자를 찾아보기는 거의 힘들다. 훌륭한 제품 책임자에 대한 흥미로운 묘사와 그 역할을 수행하는 방법에 대한 세부적인 설명이 필요한데, 로만 피클러가 이에 대한 탁월한 지침서를 제공해줬다.

추천의 글

– 브렛 퀴너 / 세일즈포스닷컴 제품 부문 수석 부사장

오늘날 소프트웨어 산업 전반에 걸쳐 중요한 움직임이 일어나고 있다. 그것은 바로 애자일 활동이다. 지난 두 세기에 걸쳐 수많은 고객과 파트너, 그리고 직원들은 우리가 기업 솔루션을 개발해온 방법에 환멸을 느껴왔다. 그렇게 개발한 솔루션은 대개 품질은 낮고, 시장에 내놓는 데 오랜 시간이 걸리며, 실질적인 비즈니스 문제를 해결하는 데 필요한 혁신성이 부족했다.

세일즈포스닷컴은 고객과 직원의 성공에 초점을 맞추는 색다른 소프트웨어 회사가 되기를 열망했다. 그러다 보니 소프트웨어를 개발하기 위해 전통적인 방식을 사용하는 것이 색다른 회사가 되고자 하는 비전과는 맞지 않는다는 사실을 깨달았다. 그 방식에 대해 재고해보면서, 기존의 가정은 모두 던져버리고, 더 나은 방법을 찾아야 했다. 우리는 스스로에게 질문했다. 매번 적시에 고품질의 소프트웨어를 제공할 수 있는 방법이 있을까? 고객의 손에 일찍, 그리고 자주 가치를 실현해 줄 수 있는 방법이 있을까? 회사가 성장하면서 단계적으로 혁신할 수 있는 방법이 있을까? 사실, 그런 방법이 있긴 했다.

세일즈포스닷컴의 선임 제품 책임자인 나는, 제품 관리자들이 고객과 비즈니스가 원하는 바와 필요로 하는 바를 매우 역동적이면서 즉시 반응하는 방식으로 개

발팀에게 효과적으로 연결해줄 수 있는 방법이 필요했다. 스크럼을 사용하면서부터, 제품 관리자들이 고객에게 확실하게 가치를 제공해주기 시작했다. 스크럼은 또한 가장 중요한 비즈니스 기능부터 먼저 구현하고, 조속한 시일 내에 고객의 손에 그 기능을 전달하도록 관리자들이 팀을 지휘할 수 있게 해줬다. 또한 수시로 변하는 시장 상황과 경쟁에 대한 압박에도 재빨리 반응하거나, 우리 개발팀이 만들어낸 새롭고 멋지고 혁신적인 제품을 출시할 수 있는 유연성도 있었다. 이 책을 읽어보면, 제품 성공에 대해 엄청난 책임을 진다는 점에서 제품 책임자가 전통적인 제품 관리자와 어떻게 다른지 알 수 있을 것이다. 이 책은 전통적인 역할과 애자일 역할 간 차이를 명확히 보여주고 비교해준다.

많은 사람이 제품 책임자의 역할에 대해 설명하려고 노력했지만 그 누구도 로만 피클러처럼 그 역할의 본질을 잘 잡아낸 사람은 없었다. 이 책은 혁신을 창조하는 데 있어서 제품 책임자와 스크럼 팀원과 경영진에게 모두 도움이 되는, 흥미로운 애자일 제품 관리 이론과 실천사항을 설명한다. 로만은 혁신을 이루기 위해 최소한의 기능을 개발해 출시하는 이유를 간단한 설명과 함께, 세일즈포스닷컴과 같이 매우 경쟁력 있는 혁신기업의 실제 사례도 충분히 제시한다. 그는 또한 많은 제품 책임자들이 저지르는 일반적인 오류와 실수도 설명한다.

오늘날의 활발하고 경쟁적인 환경에서 고객의 기대와 요구는 그 어느 때보다도 훨씬 높다. 세일즈포스닷컴은 제품 책임자가 좀더 혁신적인 소프트웨어를 개발하고 가치 실현을 하는 동안에도 애자일 방식을 통해 극적인 결과를 이뤄왔다. 우리가 거둔 성공에 관심이 있는 사람이라면, 이 책이야말로 바로 여러분을 위한 책이다. 알맞은 도구와 기법, 그리고 조언이 바로 여러분의 고객에게 엄청난 성공을 가져다 줄 완벽한 길잡이다.

지은이 소개

로만 피클러 Roman Pichler

스크럼과 애자일 제품 관리에서 최고의 전문가다. 그는 오랫동안 제품 책임자들을 가르치고, 지도하고, 기업이 효과적인 제품 관리 방법을 적용하도록 도왔다. 이 책 외에도, 그는 『스크럼: 애자일 방법론의 성공적인 도입』이라는 베스트셀러의 작가이며, 국제 컨퍼런스의 단골 연사다. 공인 스크럼 트레이너인 그는, 공인 스크럼 제품 책임자 트레이닝 교육과정을 개발하기 위한 스크럼 연합을 주도했다. 자세한 사항은 www.romanpichler.com에서 찾아볼 수 있다.

감사의 말

이 책은 많은 사람들의 도움으로 만들어졌다. 책 내용을 검토해주거나 이야기를 공유해주기도 하고, 또는 조언을 해준 분들께 진심으로 감사의 말씀을 전한다.

리사 애킨스, 게이르 암셔, 마커스 안드레작, 가브리엘 베네필드, 로버트 보게티, 톰크 뷸, 마티 케이건, 사빈 캔디트, 존 클리포드, 앨리스터 콕번, 마이크 콘, 젠스 콜드웨이, 커스타 데바만, 피트 디머, 크리스 프라이, 스티브 그린, 롤랜드 핸버리, 케블린 헤니, 벤 호건, 클린튼 키스, 안드레아스 클링거, 한스-피터 콘, 요헨 크렙스, 크레이그 라만, 빌 리, 로웰 린드스트롬, 캐서린 루이스, 로드리고 루나, 아르템 마르첸코, 제이슨 마티네즈, 랄프 미아르카, 필립 미슬러, 벤트 밀러르프, 제프 패튼, 토비아스 피클러, 브렛 퀴너, 세자리오 라모스, 댄 로손, 사이먼 로버츠, 스테판 루크, 르네 로젠달, 조안나 로스만, 케네스 루빈, 마틴 러스낙, 한스-피터 새미어스, 밥 샤츠, 안드레아스 쉴리엡, 켄 슈와버, 크리스타 슈와닝거, 칼 스코틀랜드, 마틴 쇼, 리사 슈프, 제임스 시들, 미셸 슬라이거, 프레스턴 스미스, 디터 스테파노위츠, 제프 서덜랜드, 매드스 트뢸스 한센, 바스 보데, 제프 와츠, 하비 휘튼, 뤼디거 울프, 엘리자베스 우드워드, 러브 이.

특히 마이크 콘에게 감사드린다. 이 책을 집필하는 데 마이크의 인내 어린 지도와 도움, 그리고 지속적인 피드백이 나에겐 매우 귀중했다. 훌륭한 추천의 글을 써주신 제프 서덜랜드와 브렛 쿼너에게 특별히 감사한다. 그리고 내게 스크럼을 가르쳐주신 켄 슈와버에게도 감사드린다.

가족에게는 항상 고마울 따름이다. 아내 멜리사 피클러는 내가 이 책을 집필하는 데 필요한 시간을 내주고 집중할 수 있게 해줬으며, 나와 함께 아이디어에 대해 토론하고, 내용을 검토하고, 표지 디자인에도 도움을 줬다. 여보, 고마워요! 아들 리오와 딸 야스민도 아빠가 책을 쓰는 동안 발끝으로 살금살금 걸어 다니려고 노력해준 것이 기특하고 고맙다. 특히 다섯 살 먹은 아들 리오가 이 책을 몇 줄 읽고서는 솔직한 피드백을 해줘서 참 고맙다. "아빠, 이거 좀 이상해요."

훌륭하게 편집을 해준 피어슨의 레베카 트레거와 편집팀 크리스 구지코스키, 레이나 크로바크, 셰리 케인, 애나 포픽, 바바라 우드에게도 감사의 말을 전한다.

옮긴이 소개

박현철 architect.mentor@gmail.com

한때는 춤을 사랑했지만, 지금은 좋은 소프트웨어를 만들기 위해 글을 쓰는 것을 즐긴다. 다양한 분야에 걸쳐 많은 프로젝트를 경험했으며, 프로그래머로 시작해서 CEO까지 여러 역할을 수행했다. IT 분야에서 보람과 행복을 많은 사람들과 함께 찾기 위해 노력하고 있다.

Certified Scrum Master, Certified Scrum Product Owner, Certified Scrum Developer이며, 저서로는, 『객체지향 분석 설계 Visual C++ 프로그래밍』, 『프로그래머 그들만의 이야기』, 『실전 CBD Project』, 『UML 이해와 활용』이 있고, 번역서로는 『eXtreme Programming Installed: XP 도입을 위한 실전 입문』, 『엔터프라이즈 애자일 프로젝트 관리』, 『Agile Project Management with Scrum 한국어판』, 『UML을 활용한 객체지향 분석 설계』가 있다.

류미경 mkyoo2010@gmail.com

커뮤니케이션을 전공하고, 마케팅과 멘토링을 경험해왔다. 사람들의 다양한 살아가는 방식에 많은 관심을 갖고 있으며, 시간이 나면 국내외 세상구경하기를 즐긴다.

번역서로 『Agile Project Management with Scrum 한국어판』, 『엔터프라이즈 애자일 프로젝트 관리』, 『소프트웨어 프로젝트 생존전략』, 『데드라인』, 『eXtreme Programming Installed: XP 도입을 위한 실전 입문』이 있다.

옮긴이의 말

몇 년 전부터, 클라우드 컴퓨팅이나 빅데이터와 관련한 이야기들이 많이 들린다. 그런 말을 들을 때마다 과연 기업들이 추구하는 전략이나 비즈니스 방향과 얼마나 부합되고, 확실한 투자효과를 볼 수 있을지에 대한 궁금증이 든다. 하지만 그에 반해, 예전에도 중요했고 앞으로도 계속 중요한 말은, 바로 제품Product이다. 많은 기업이 제품을 만들고, 제품 기반의 서비스를 추구하고 있으며, 제품에서 성공한 경험을 살려 서비스 업체로의 변화를 꾀하고 있다. 금융, 통신을 포함한 대부분의 산업 영역에서, 제품은 기업 비즈니스 모델의 기반에 속한다.

하지만, 성공한 기업들의 특성을 조사한 수많은 리서치 결과들은 고객이 중요하다고 이야기를 한다. 안타까운 것은, 국내에서도 그동안 다양한 프로젝트들을 진행하고, 수많은 제품과 서비스들을 개발, 운영, 유지보수하고 있지만, 고객 관점에서 성공적인 프로젝트가 얼마나 많았는지에 대해서는 선뜻 답하기가 쉽지 않다. 그만큼 고객을 위한 소프트웨어 제품이나 시스템을 만드는 것이 쉽지 않으며, 소프트웨어 개발 및 관리 역량을 갖춘다는 것이 매우 어려운 일임을 반증하는 상황이다.

기업 비즈니스 모델의 기반인 제품에 고객이 추구하는 가치를 얼마나 잘 반영했는지는 기업이 경쟁적인 시장에서 생존하고 나아가 지속적인 성장을 이룰 수 있는 중요한 바탕이다. 따라서, 조직은 어떻게 기업 고객을 중심으로 한 비즈니스 전략에 맞게 제품을 만들 수 있는지에 대한 경험과 역량을 갖추어야 한다. 이 책은 바로 그런 내용에 대해 이야기하는 책이다. 역동적인 시장 상황이나, 항상 가치를 찾는 유동적인 고객에 초점을 맞춘 소프트웨어 제품 개발 및 관리에 대한 경험을 전달한다.

다만, 이 책은 초보 독자들을 위한 책이 아니다. 실제 제품이나 시스템을 만든 경험이 있는 다양한 이해당사자들, 즉 고객, 사용자, 개발자, 운영팀, 관리자, 아키텍트, 모델러 등을 위한 책이다. 기업의 비즈니스 가치를 중요하게 생각하고, IT를 조직에 효과적으로 적용하려는 목적을 갖고 있는 사람이라면, 누구나 관심을 가져야 할 내용, 그리고 IT 리더라면 반드시 알고 활용해야 할 내용을 담고 있다. 소프트웨어 제품이 갖는 개발의 비가시성을 극복하면서도 어떻게 고객이 원하는 제품을 빠르고 효과적으로 만들 수 있을까? 아니, 정말 소프트웨어 제품이나 시스템을 그렇게 만들 수 있기는 한 걸까? 과거에도 중요했고, 지금도 중요하며, 앞으로도 중요할 수밖에 없는 '제품'에 관심이 있다면, 이 책을 통해 고객이 원하는 소프트웨어 제품 개발 체계를 확인해보기 바란다.

목차

들어가며

제품 관리나 애자일 소프트웨어 개발에 관한 훌륭한 서적은 많다. 하지만 오늘날까지도 애자일 환경에서 제품 관리를 어떻게 수행하는지를 이해하기 쉽게 설명한 책은 없다. 마치 애자일을 하는 사람이 일부러 그 주제를 피해온 것 같은 상황이라서, 제품 관리 전문가들은 멋지고 새로운 애자일 세상을 이해하는 데 아직도 어려움을 겪는다. 스크럼을 적용하는 회사가 점점 많아지면서, 스크럼을 적용할 때 제품 관리를 어떻게 실행해야 할지를 묻는 다급한 질문들이 더 늘고 있다. 나는 이 책을 통해 그런 질문에 답을 주고자 한다.

1999년에 처음으로 애자일 실천사항을 접했을 때, 비즈니스 부문과 기술 부문에 종사하는 사람들이 서로 밀접하게 협업한다는 점에 매우 놀랐다. 그때까지만 해도 소프트웨어 개발은 비즈니스가 아닌 기술에 관련된 사람만 관심 갖는 것이라 생각했다. 2001년, 처음으로 애자일 프로젝트를 코치할 때 가장 힘들었던 점은, 제품 책임자를 애자일에 맞게 변화시키는 일이었다. 지금까지도 제품 책임자 역할은 내가 컨설팅했던 회사가 경험한 가장 큰 걸림돌이면서도 성공요인이었다. 성공적인 제품을 개발하는 것뿐 아니라 스크럼을 지속적으로 사용하는 것도 마찬가지였다. 세일즈포스닷컴이 애자일로 전환할 때, 이들을 이끌었던 크리스 프라이와 스티브 그린은 "첫 시도를 하는 내내, 우리는 수많은 전문가들로부터 제품 책임자 역할이야말로 애자일 전환을 성공시키는 열쇠라고 들었다. 직관적으로는 그 말을 이해했지만, 그렇다고 제품 책임자가 자기 역할을 수행하면서 겪어야만 하는 커다란 변화를 우리가 진정으로 이해한 것은 아니었다."고 말했다.[50]

왜 애자일 제품 관리가 다른가

스크럼 기반 애자일 제품 관리는 여러 측면에서 기존 제품 관리 방법과 다르다. 아래 표 P.1은 가장 중요한 차이점을 요약한 것이다.[1]

표 P.1 전형적인 제품 관리와 새로운 제품 관리

기존 방식	새로운 방식
제품 마케터, 제품 관리자, 프로젝트 관리자와 같은 여러 역할이 제품을 시장에 출시하는 일에 책임을 진다.	제품 책임자 한 사람이 제품을 책임지고 프로젝트를 이끈다. 새로운 제품 책임자 역할에 대해서는 1장과 6장에서 더 자세히 알아본다.
제품 관리자는 개발팀과 분리됐고, 프로세스와 부서, 그리고 장소 측면에서도 나눠진다.	제품 책임자는 스크럼 팀의 일원이며, 스크럼마스터와 팀과 함께 지속적으로 협업한다. 이 부분에 대해서는 1장, 3장, 5장에서 더 자세히 알아본다.
광범위한 시장 조사, 제품 계획 수립, 비즈니스 분석을 먼저 시행한다.	2장 설명 내용처럼, 초기에는 제품이 대략 어떻게 생겼고, 어떤 기능을 수행할지를 나타내는 비전을 만들기 위한 최소 작업만 이행한다.
제품 식별 및 정의: 요구사항은 초기부터 세부적이며 고정적이다.	제품 식별은 지속적으로 일어나는 프로세스다. 정의 단계도 없으며, 시장이나 제품 요구사항에 대한 명세서도 없다. 제품 백로그는 동적이어서 고객과 사용자 피드백에 따라 제품 백로그 내용이 진화한다. 3장에서 더 자세한 내용을 알아본다.
고객의 피드백은 시장 검증이나, 제품 출시 이후에 받는다.	4장과 5장 설명처럼, 스프린트 리뷰 회의와 신속하고 빈번한 릴리스를 통해 고객이 원하는 제품을 개발하는 데 도움되는, 고객과 사용자의 귀중한 피드백을 얻는다.

스크럼과 같은 애자일 방법론은 오래 전부터 알려진 "변하지 않는 유일한 것은 변화뿐이다."라는 진실을 따른다. 시어도어 레빗은 『근시안적 마케팅』(1960)에서,

1 켄 슈와버의 책 『엔터프라이즈 스크럼』에 나온 스크럼 역할명을 그대로 사용했다.[13]

"자사 자체 조사결과에서 제품이 아직 구식이 아니라고 판명되었다면, 다른 회사가 곧 구식으로 만들어버릴 것이다."라고 말했다.[51] 크리스텐슨(1997)은 파괴적 혁신이 결국 모든 산업에서 일어날 것이라고 주장했다. 단지 얼마나 빨리, 그리고 얼마나 빈번하게 일어날지가 확실하지 않을 뿐이며, 재빠르게 적응하지 못하는 기업은, 지금 당장 수익성이 좋더라도 문을 닫게 될 것이라고 말한다.[17] 다행히, 경험을 중시하는 스크럼은 끊임없는 변화와 예측불가능성이 주된 힘으로 작용하는 복잡한 상황을 처리하기 위해 새로운 것과 혁신적인 것을 다루는 데 알맞다. 만약 여러분의 비즈니스에 변화가 심하다면, 스크럼을 통해 강력한 동반자를 만날 것이다.

이 책이 제시하는 것은 무엇이고, 누가 이 책을 읽어야 하나

이 책은 애자일 제품 관리에 관심을 가진 사람, 특히 제품 책임자로 일하고 있거나 그 역할로 전환할 독자를 위한 책이다. 이 책은 제품 책임자 역할은 물론 제품 관리를 수행하는 일의 본질을 설명한다. 여기에는 제품 비전 확립, 제품 백로그 정의 및 개선, 릴리스 계획 수립 및 추적, 스크럼 회의 활용, 새로운 역할로의 전환 등이 있다. 이 실용적인 지침서는 애자일 제품 관리 기법을 스크럼 안에서 효과적으로 적용할 수 있게 해줄 것이다. 이 책은 단순한 애플리케이션에서부터 휴대폰 등 복잡한 제품까지 소프트웨어에 연관된 모든 제품에 초점을 맞춘다.

이 책이 제품 관리 입문서가 아니라는 점은 염두에 두자. 이 책은 스크럼 입문서도 아니다. 물론 제품 관리를 위한 만병통치약도 아니다. 사실, 이 책이 다루지 않은 제품 관리 측면도 많다. 대신, 이 책은 제품 관리 컨셉과 스크럼에 특화된 실천 사항에 초점을 맞추고 있다.

이 책은 스크럼에 익숙하고 제품 관리에 관한 실용적 지식이 있는 독자를 대상으로 한다. 스크럼에 대한 자세한 설명은 『스크럼 Scrum』(인사이트, 2008)과 『Agile Project Management with Scrum 한국어판』(에이콘출판, 2012)을 살펴보기 바란다.

1장 제품 책임자 바로 알기

나는 기존 의료 기기를 대체할 새로운 제품과 관련해 일한 적이 있다. 새로운 시스템의 목적은 고객에게 더 좋은 제품을 제공하고 시장에서 우위를 차지하기 위한 것이었다. 2년 이상의 개발 기간이 지난 후, 기대치를 높여 출시된 새 제품은 곧바로 실패했다.

무엇이 잘못됐을까? 아이디어 기획에서 제품 출시 사이의 어딘가에서, 이 사람에서 저 사람으로 일이 옮겨가면서 제품에 대한 비전이 상실됐다. 제품 마케팅 담당자가 시장을 조사하고 제품 개념 모델을 작성한 후, 제품 관리자에게 전달했다. 제품 관리자는 요구사항 명세서를 작성해서 프로젝트 관리자에게 넘겼고, 관리자는 명세서를 개발 팀에 전달했다. 성공적인 제품을 이끌어 내는 데 책임진 사람은 한 명도 없었고, 제품이 어떤 모양새와 기능을 갖춰야 하는지에 대한 비전을 공유하지도 않았다. 참여한 사람 모두 생각과 비전이 서로 달랐다.

해결책은 무엇일까? 제품 책임자라는 사람이 제품에 대한 책임을 지는 것이다. 1장에서는 제품 책임자 역할에 대해 살펴보자. 역할이 가진 권한과 책임은 물론 그 역할을 어떻게 적용해야 할지를 설명하겠다.

제품 책임자 역할

켄 슈와버는 자신이 기고한 'Scrum Guide'[54]에서 제품 책임자에 관해 다음과 같이 정의했다.

> 제품 책임자는 제품 백로그 관리와 팀이 수행하는 업무의 가치 보장을 책임지는 유일한 사람이다. 이 사람은 제품 백로그를 관리하고 이를 모든 사람들에게 가시화시킨다.

그 의미를 곱씹어보기 전까지는 정의가 그다지 문제가 없는 것처럼 들릴 것이다. 제품 책임자는 원하는 이점을 가져다 줄 제품을 만들기 위해 개발 작업을 이끈다. 여기에는 제품 비전을 생성하고, 제품 백로그를 다듬고, 릴리스를 계획하고, 고객과 사용자, 그리고 다른 이해당사자들을 참여시키고, 예산을 관리하며, 제품 출시를 준비하고, 스크럼 회의에 참석하고, 스크럼 팀과 협업하는 일도 있다. 제품 책임자는 새로운 제품에 생명을 불어넣는 일뿐 아니라 제품 라이프사이클 관리에 있어서도 중요한 역할을 한다. 릴리스 전반에 걸쳐 책임자가 있다는 것은 지속성을 보장하고, 일이 옮겨 다니는 횟수를 줄이고, 장기적인 안목을 제공하는 데 도움이 된다. SAP AG에서 실시한 조사 결과는 앞서 언급한 것 이상의 이점이 있다는 것을 증명한다. 제품 책임자 역할을 하는 직원은 자신감을 갖고 영향력을 발휘할 수 있으며, 두각을 나타내고, 더 체계적이고 의욕적으로 일한다.[53]

제품 책임자는 혼자 행동하지 않는다. 제품 책임자는 스크럼 팀의 일원이며 다른 멤버들과 긴밀하게 협력한다. 스크럼마스터와 팀이 제품 백로그를 함께 개선하며 제품 책임자를 지원하는 동안, 제품 책임자는 필요한 업무 진행을 확인할 책임을 갖는다.

제품 책임자 역할을 전통적인 역할, 즉 제품 관리자나 프로젝트 관리자와 비교할 수는 있다. 하지만 공정한 비교는 어렵다. 제품 책임자는 고객이나 스폰서, 제품 관리자, 프로젝트 관리자 등 개별적으로 부여된 권한과 책임을 통합하는, 여러 측면을 아우르는 새로운 역할을 한다. 구체적인 모습은 제품 성격, 제품 라이프 사이클 단계, 프로젝트 규모 등 상황에 따라 다르다. 예를 들어, 소프트웨어와 하드웨어, 그리고 기계학적 특성을 포함한 새 프로젝트를 맡은 제품 책임자는 웹 애플리케이션 개선 팀의 제품 책임자와는 다른 능력과 권한이 필요하다. 마찬가지로, 규모가 큰 스크럼 프로젝트를 다루는 제품 책임자는 한두 개 팀과 협업하는 제품 책임자와는 다른 차별화된 기술이 있어야 한다.

상용 제품인 경우, 제품 책임자는 대개 제품 관리자나 마케팅 담당자처럼 고객 서비스 책임자다. 새로운 데이터웨어하우스 솔루션을 원하는 외부 고객이나 웹사이트를 개선해주기를 바라는 내부 고객(마케팅 부서 등)과 같이 특정 조직을 위한 제품을 개발하는 경우라면, 실제 고객이 그 역할을 맡는 것이 보통이다. 고객, 사용자, 사업부문 관리자, 제품 관리자, 프로젝트 관리자, 비즈니스 분석가, 설계자 등 각자 주어진 상황에서 제품 책임자 역할을 잘 수행한 사람들을 많이 봐왔다. 심지어 CEO도 제품 책임자 역할을 할 수 있다. 사용자가 애플리케이션에서 이미지나 텍스트를 잘라내 다른 애플리케이션으로 붙여주는 계획 업무 도구인 립트Ript는 옥시전 미디어 사의 CEO인 게리 레이본이 고안한 것으로, 그는 자기 제품의 첫 번째 릴리스에 대한 제품 책임자 역할을 담당했다.[43]

제품 책임자가 갖춰야 할 바람직한 특성

적합한 제품 책임자 선정은 스크럼 프로젝트에 매우 중요한 일이다. 제품 책임자라는 역할이 새로운 역할이다 보니, 개별적으로 그 역할로 전환하고, 필요한 기술을 습득할 시간과 지원이 필요하다. 문제는 그 업무를 잘 수행하기 위한 경험, 필요한 범위와 깊이의 지식을 갖고 있는 사람을 찾는 것이다. (제품 책임자로의 전환과 역할 개발에 대해서는 6장에서 설명하겠다.) 지금까지 함께 일해본 성공적 제품 책임자에게는 모두 다음과 같은 특징이 있다.

선지자이자 행동가

작가 조나단 스위프트는, '비전은 눈에 보이지 않는 것을 보는 기술'이라고 했다. 제품 책임자는 최종 제품을 구상하고, 비전을 전달하는 선지자다. 또한 제품 책임자는 비전을 현실로 만들어내는 행동가다. 요구사항을 설명하고, 팀과 밀접하게 협업하고, 작업 결과물을 수용하거나 거절하고, 진행상황을 추적하고 예상하면서 프로젝트를 조정해나간다. 제품 책임자는 기업가로서 창조성을 북돋아주고, 혁신을 권장하고, 변화, 불명확함, 논쟁, 갈등, 장난, 실험, 의도적인 위험 감수 등에 두려움을 갖지 말아야 한다.

리더이자 팀원

"훌륭한 비즈니스 리더는 비전을 창조하고, 그 비전을 언어로 전달하며, 열정적으로 그 비전을 소유하고, 완벽에 이르기까지 끈질기게 비전을 추진한다."고 GE 전 회장이자 CEO였던 잭 웰치가 말했다. 제품 책임자는 바로 그런 리더다. 제품 성공을 책임지는 사람으로서, 제품 책임자는 개발 업무에 참여하는 모든 사람들에게 길잡이가 되어 방향을 제시하며, 힘든 결정을 감수해야 한다. 예를 들자면 다음과 같은 의사결정도 내려야 한다. 시장에 제품을 내놓는 날짜를 연기해야 하는가, 아니면 기능을 줄여서라도 출시해야 하는가? 동시에, 제품 책임자는 다른 스크럼 팀원들과 긴밀하게 협력하되 공식적으로 지시를 내리지는 않는, 팀 플레이어여야 한다. 제품에 대해서는 '동료 중 으뜸'이라고 생각하면 된다.

이와 같이 '리더이자 팀원'인 제품 책임자의 이중성은 꼭 지켜져야 한다. 제품 책임자가 의사결정을 좌지우지해서는 안 되지만, 동시에 우유부단하거나 자유방임주의적인 관리 성향을 띠어서도 안 된다. 그보다는, 혁신적인 프로세스를 지키는 양치기 역할을 맡아 프로젝트를 안내하고, 의사결정 과정에 팀 동의를 이끌어 내야 한다. 협력을 통해 제품에 관한 의사결정을 내리면, 팀 기여도가 보장되고, 팀 창조력과 지식을 활용하면서, 좀더 나은 의사결정을 이끌어 낼 수 있다. 다만, 이와 같은 방식으로 일하려면 조정과 인내가 필요하다. 다양한 아이디어와 의견을 통해 새로운 솔루션을 도출하기도 전에 팀 구성원들 간 의견 차이로 논쟁 먼저 하는 일이 빈번하기 때문이다. 케이너와 공저자는 협업적 의사결정과 관련된 소통기술에 관해 다음과 같은 좋은 정보를 준다.[28]

사업 팀

빌 게이츠와 스티브 잡스 같은 놀라운 기업가 또는 뛰어난 리더는 사회 속에서 많은 관심을 받는다. 하지만 잘 생각해보면, 한 사람이 가진 천재성만으로 만들어진 혁신은 거의 없다. 또한 제품 책임자가 혁신에 뛰어난 인물이라 해도, 여전히 제품에 생명을 불어넣어줄 팀은 필요하다. 어떤 사업 천재라도 항상 옳은 의사결정만을 내릴 수는 없다. 신경과학분야 연구에 따르면, 적소에 배치돼 자신에게 적합한 업무를 수행하는 최고 자격을 갖춘 사람조차도 혼자 결정할 경우에는 잘못된 의사결정을 내릴 수 있다고 한다. 핀켈스타인과 공저자는 저서를 통해, 그 이유를 사람의 인지 방식 때문이라고 말하면서, 공정한 의사결정을 하려면 적어도 한 명 이상 다른 사람을 의사결정에 참여시킬 것을 권고했다.[18] 팀은 생각을 검증하고 올바른 의사결정에 도달할 수 있게 해준다. 픽사 사의 사장인 에드 캣멀은 다음과 같이 말했다.[47]

> …훌륭한 팀에게 변변치 않은 아이디어를 제공하면, 팀은 그 아이디어를 제대로 고쳐놓거나, 그 아이디어를 던져버리고 효과가 있을만한 다른 것을 생각해낼 것이다.

결국, 여러 사람의 지혜가 한 사람의 총명함보다 낫다.

의사소통 전문가이자 협상가

제품 책임자는 반드시 효과적인 의사소통 전문가이면서 협상가여야 한다. 그는 고객과 사용자, 개발 및 엔지니어링 팀, 마케팅, 영업, 서비스, 운영, 관리 팀과 같은 다양한 그룹과 의사소통하고 이들을 조율해야 한다. 제품 책임자는 고객을 대변하는 목소리로, 고객에게 필요한 것과 요구사항을 전달하면서, 업무 전문가와 기술 전문가 사이 간극을 메우는 역할을 한다. 이 말은, 가끔 거절도 하고, 타협도 해야 한다는 것을 의미한다.

헌신적인 권한 소유자

제품 책임자는 개발 팀을 이끌면서, 이해당사자를 조율하기 위해 반드시 충분한 권한을 갖고, 경영진으로부터 적절한 후원을 받아야 한다. 모바일닷디이[mobile.de]라는 독일에서 가장 큰 온라인 자동차 시장의 수석 관리자는, 제품 책임자를 선정하고, 지원하며, 제품 책임자가 의사결정하기 어려운 사안을 결정해 준다. 이와 같은 긴밀한 협업으로 관리팀은 개별 프로젝트 진행상황을 좀더 이해할 수 있고,

성공적이지 못한 프로젝트는 조기에 끝낼 수 있다.[1]

제품에 생명을 부여하는 개발 팀을 이끌려면 제품 책임자는 반드시 권한을 부여받아야 한다. 제품 책임자는 적절한 팀 구성원을 찾는 일에서부터 릴리스 일환으로 어떤 기능을 개발할지를 결정하는 일까지 적절한 의사결정권을 갖고 있어야 한다. 제품 책임자는 예산을 위임받을 수 있고, 창조력과 혁신성을 조성하는 작업 환경을 만들 능력도 갖춰야 한다. 또한 제품 책임자는 개발 팀에 헌신적이어야 한다. 성공적인 제품 책임자는 자신감 있고, 열정적이며, 활동적이고, 신뢰할 수 있는 사람이다.

시간과 자격이 있는 사람

제품 책임자는 일을 잘 할 수 있도록 시간을 낼 수 있어야 하며, 자격을 갖춰야 한다. 제품 책임자는 대부분 상근직이며, 지속적으로 책임을 다할 수 있도록 충분한 시간을 주는 것이 중요하다. 만약 당사자가 과로한다면, 프로젝트 진행이 힘들어지고, 그 결과로 나온 제품은 최적 상태가 아닐 수 있다. 적절한 자격을 갖춘다는 것은 고객과 시장을 깊이 이해하고, 사용자 경험에 대해 열정을 보이며, 필요사항을 전달하고, 요구사항을 설명하며, 예산을 관리하고, 개발 프로젝트의 길잡이가 되며, 여러 기능 조직에 걸친 자기 조직 팀[cross-functional, self-organizing team]과 함께 일하는 것을 편하게 생각하는 능력을 말한다.

---

1 2009년 6월 18일 모바일닷디이의 CTO인 필립 미슬러와의 사적 대화 내용 중에서

페이션트키퍼 사의 제품 책임자

스크럼 공동 창시자이자, 페이션트키퍼(PatientKeeper) 사의 전 CTO이며, 통합 의료 정보 시스템의 선구자인 제프 서덜랜드는 그 회사 제품 책임자가 갖춰야 할 자격과 권한에 대해 다음과 같이 설명했다.

> 제품 책임자는 해당 분야의 전문가여야 하는데, 특히 보스톤의 일류 병원에서 일주일에 이틀은 근무하는 의사가 바람직하며… 애플리케이션을 스스로 개발해본 개발 전문가이고… 특히 의료분야에서 사용자 스토리, 유스케이스, 소프트웨어 명세서 작성에 전문성이 있고… 요구사항을 끌어내기 위해 고객과 영업 담당과 사이가 매우 좋아야 하며, 새로운 기능에 대한 프로토타입을 검증할 의사를 채용하고… 요구사항과 관련된 사업, 매출, 고객 그리고 영업 팀과의 관계성을 책임지고, 실질적인 사용자 스토리 생성은 물론, 고객이 원하는 바와 연관된 모든 분석을 포함한 추가적인 제품 명세서도 책임진다.
>
> 처음 고용했던 두 제품 책임자는 개발자와 제품 책임자 팀에 속한 다른 구성원으로부터 도움을 받지 못했으며, 제대로 협업하지 못했다. 하지만 반복된 훈련, 코칭과 그 직책에 적합한 사람을 선정한 이후에야 효과가 나타나기 시작했다.[2]

팀과의 협업

이미 앞에서 언급했듯이, 제품 책임자는 스크럼 팀의 일원이며, 스크럼마스터, 팀과 함께 협업한다. 여기서 팀은, 여러 기능 조직에 걸쳐 자기 조직된 소규모 팀이다. 팀은 제품을 만드는 데 필요한 모든 역할을 다 도맡아야 한다. 스크럼 팀의 모

2 2008년 10월 2일 야후의 스크럼트레이너 목록에 제프 서덜랜드가 올린 내용과 2008년 12월 16일 제프 서덜랜드와의 사적 대화 내용 중에서

든 구성원은 긴밀하고 서로 신뢰하는 공생관계를 형성하고 동료로서 협업해야 한다. 이편 저편을 구분하지 않으며, 오로지 '우리'만 존재한다.

스크럼 팀이 발전하기 위해서는 릴리스 내부 및 릴리스에 걸친 변화를 최소화해야 한다. 개인이 모인 그룹이 진정한 팀으로 성장하기 위해서는 어느 정도 시간이 걸린다. 진정한 팀이란, 서로를 신뢰하고, 도와주며, 효과적으로 협업하는, 잘 짜인 단위다. 팀 구성을 바꾸면 팀 빌딩 프로세스를 전부 다시 시작해야 하고, 그렇게 되면 생산성과 자기 조직성이 나빠진다. 덧붙여서, 스크럼 팀과 제품 간 장기적인 관계성을 수립하고, 모든 제품에 하나 또는 그 이상의 개발 팀을 전담 배치하는 것이 좋다. 그렇게 하면 학습에 도움이 될 뿐 아니라 사람과 자원 배치를 간소화할 수 있다.

제품 책임자와 스크럼마스터와 팀이 지속적으로 긴밀하게 협업해야 하므로, 모든 스크럼 팀 구성원을 같은 장소에 배치하는 것이 바람직하다. 모바일닷디이에서는 제품 책임자를 스크럼마스터와 팀과 함께 배치함으로써 생산성과 사기를 높였다.[3] 제품 책임자가 팀과 같은 장소에 계속 같이 있을 수 없다면, 가능한 한 직접 대면하는 회의를 많이 하라. 떨어져 있는 제품 책임자는 각 스프린트마다 며칠간 팀과 현장에서 함께 일하는 방식으로 부분적이나마 동일 장소에서 일하는 것이 도움될 수 있다. 같은 현장에서 일하지만 팀과 동일한 장소에 자리하지 않은 제품 책임자가 팀 공간에서 하루에 최소한 한 시간을 함께 보내는 것도 좋다.

팀 공간은 창조적이고 협력적인 작업을 하기 좋은 곳이어야 한다. 비전 선언문과 높은 우선순위 제품 백로그 아이템, 소프트웨어 아키텍처 설계, 스프린트 백로그, 릴리스와 스프린트 소멸 차트와 같은 중요한 산출물을 통해 정보를 드러내 보여

3 2009년 6월 22일 모바일닷디이 CTO인 필립 미슬러와 사적 대화 내용 중에서

주고, 의사소통과 상호작용을 촉진하고, 일이 즐거워질 수 있는 환경이어야 한다. 가장 좋은 팀 공간은 소규모 회의실을 갖춰서 사적인 공간과 소규모로 작업할 공간에 대한 필요성을 갖춰 팀워크의 균형을 유지시킨다.

스크럼마스터와의 협업

최상의 수준에서 지속적으로 경기를 펼치기 위해 스포츠 팀에게 코치가 필요하듯, 모든 스크럼 팀도 스크럼마스터가 필요하다.[4] 스크럼마스터는 제품 책임자와 팀을 지원하고, 팀과 프로세스를 보호하는 것은 물론, 작업 속도를 유지하고, 팀원들이 건강하고 의욕적인 상태를 유지하고, 기술적인 문제가 없도록 필요할 때마다 적절하게 개입한다.[5]

제품 책임자와 스크럼마스터 역할은 서로를 보완한다. 제품 책임자는 올바른 제품에 대해 책임지고, 스크럼마스터는 올바른 방식으로 스크럼을 적용하는 부분을 책임진다. 그림 1.1은 올바른 프로세스를 통해서 올바른 제품을 만들 때 지속적 성공이 보장됨을 나타낸다.

4 한 예로, 프로 럭비팀에는 공격전담 코치, 포워드 전담 코치, 방어전담 코치, 스크럼 코치, 키킹 코치, 선임 코치 등 여러 명의 코치가 있다.

5 기술적 부채와 적정속도 유지에 관해서는 각각 4장과 5장에 자세히 설명한다.

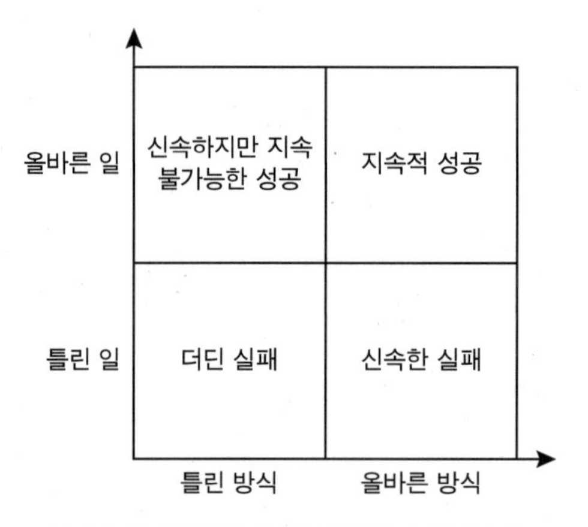

그림 1.1 올바른 일을 올바른 방식으로 작업하기

제품 책임자와 스크럼마스터의 역할은 서로 균형을 유지하게끔 만들어져서 두 가지 역할을 모두 수행하기란 힘에 부치고 오래 유지하기도 힘들다. 절대로 한 사람이 스크럼마스터와 제품 책임자의 두 가지 역할을 맡아서는 안 된다.

고객, 사용자, 그리고 이해당사자와의 협력

제품을 구매할 사람인 고객과 제품을 사용할 사람인 사용자가 제품의 성공과 실패를 좌우한다. 충분한 수의 고객이 제품을 구매하고 사용자가 그 제품으로 혜택을 볼 수 있어야만 제품은 시장에서 성공한다. 고객과 사용자가 각기 다른 사람일 수도 있다는 점을 주목하자. 두 역할이 느끼는 필요성이 다를 수 있다. 스프레드시트를 예로 들어보자. 사용자가 원하는 것은 사용편의성과 높은 생산성일 것이다. 이와 달리, 그 제품을 구매하는 회사는 소유권에 대한 비용과 데이터 보안에 관심이 있을 것이다.

성공 제품을 만들기 위해서는 제품 책임자, 스크럼마스터, 그리고 팀이 고객과 사용자가 원하는 바를 제대로 이해하고, 그 요구를 어떻게 해야 최상으로 충족시킬지를 고민해야 한다. 가장 좋은 방법은 고객과 사용자를 개발 프로세스 초반부터 지속적으로 참여시키는 것이다. 고객에게 프로토타입에 대한 피드백을 요청하고, 스프린트 리뷰 회의에 고객 대표를 초대하고, 소프트웨어를 빠른 시일 안에 자주 릴리스하는 것이야말로 고객으로부터 무언가를 배울 수 있는 가장 좋은 방법이다. 팀은 제품이 단지 목적을 위한 수단이라는 점을 명심해야 한다. 제품은 고객에게 도움을 주고, 제품을 개발한 기업에 바람직한 이익을 가져다 주는 것이지, 그 자체가 목적은 아니다. 시어도어 레빗이 한 유명한 말이 있다. "소비자가 6밀리 드릴을 사는 이유는 단지 공구가 필요해서가 아니라 6밀리미터짜리 구멍이 필요하기 때문이다." 고객이 원하는 것이 무엇인지 집중해야 최고의 솔루션을 개발할 수 있다.

제품 책임자는 고객과 사용자 외에도, 마케팅이나 영업, 그리고 서비스 팀 담당자에게 가능하면 초기부터 정기적으로 스프린트 회고 회의에 참여하도록 요청해야 한다. 회의를 통해 각 담당자는 제품이 성장하는 것을 지켜보고, 스크럼 팀과 교류하며, 질문이나 걱정거리, 아이디어를 공유한다. 브라이슨은 이해당사자를 찾아내고 분석하는 데 유용한 기법에 대해 다음과 같이 간결하게 제시했다.[58]

제품 마케팅 담당자와 프로젝트 관리자

기업에 따라, 제품 관리에 대한 전략과 전술을 구분하고 각각에 맞게 제품 마케팅 담당자와 제품 관리자를 책임자로 고용하기도 한다. 제품 마케팅 담당자는 주로 외부에 관심을 두며, 시장을 이해하고, 제품 로드맵을 관리하고, 제품 릴리스를 통한 누적 수입을 관리한다. 제품 관리자는 주로 내부에 관심을 두며, 자세하게 작성된 기능 설명서와 우선순위 선정, 개발 팀과의 협업 등이 주된 업무다. 스크럼에서 제품 책임자는 두 가지 일을 모두 도맡는다. 전략적인 제품 관리 측면에서 제품 책임자는 기업 규모와 프로젝트 중요도에 따라 포트폴리오 관리자나 부사장, 또는 CEO 도움을 받을 수 있다. 제품 책임자는 가격정책과 마케팅에 관해서는 제품 마케팅 담당자나 선임 영업대표에게 도움을 청할 수 있다. 기술적 측면에는 스크럼마스터와 팀 지원에 의존할 수 있다. 제품 관리에 관한 두 가지 측면을 한데 묶는다면 처음부터 끝까지 통일된 지휘권과 책임을 유지할 수 있다. 이렇게 통합된 역할 수행을 통해, 서로에게 책임을 미루고, 기다리고 늦어지는 일뿐 아니라 잘못된 의사소통과 결함까지도 피할 수 있다.

지금까지 스크럼 팀에서 프로젝트 관리자 역할에 관해 아무것도 언급하지 않았다는 점을 일부 독자들은 눈치챘을 것이다. 여기에는 이유가 있다. 프로젝트 관리 책임은 더 이상 한 사람의 책임이 아니며, 대신 스크럼 팀 구성원이 모두 나눠 짊어져야 하기 때문이다. 예를 들어, 제품 책임자는 릴리스 범위와 일정, 예산을 관리하며, 진척상황에 대해 전달하고, 이해당사자를 관리할 책임을 진다. 팀은 이와 같은 업무를 파악하고, 추정하고, 관리하는 역할을 맡는다. 그러다 보니 프로젝트 관리자 역할이 필요 없다. 그렇다고 프로젝트 관리자로 일하는 사람이 필요하지 않다는 말은 아니다. 그 반대다. 전직 프로젝트 관리자가 훌륭한 스크럼마스터가 되는 경우도 많다. 물론, 프로젝트 관리자가 성공적으로 제품 책임자 역할로 전환하는 경우도 봐왔다.

제품 책임자 역할 확대

대규모 스크럼 프로젝트의 제품을 책임지는 데 필요한 실천사항에 대해 설명하기 전에, 알아야 할 일반적인 주의사항이 있다. 대규모 프로젝트는 피해야 한다. 2장에서 설명하겠지만, 작게 시작해서 최소한의 기능성을 갖춘 제품을 신속하게 개발해야 한다. 대규모 프로젝트를 해야 한다면, 한 번에 팀 하나를 추가하는 방식으로 천천히 규모를 늘려가면서 프로젝트를 조직적으로 키워야 한다. 너무 많은 사람으로 프로젝트를 시작한다면 제품은 과도하게 복잡해져서, 향후 제품 개선에 많은 시간이 소요되며 비용도 많이 든다.[6]

수석 제품 책임자

대규모 스크럼 프로젝트에는 소규모 팀이 많다. 각 팀마다 한 명의 제품 책임자가 있어야 하는데, 제품 책임자 한 명이 돌볼 수 있는 팀은 한정될 수밖에 없다. 과로하지 않고 모든 책임을 다하면서 한 명의 제품 책임자가 지원할 수 있는 팀 수는 신제품인지, 복잡한지, 팀의 도메인 지식은 충분한지 등 여러 가지 요건에 따라 다르다. 경험상, 대부분 제품 책임자는 두 팀 이상을 지속적으로 관리하기가 어렵다. 따라서, 세 팀 이상 필요한 경우에는 여러 명의 제품 책임자가 함께 협업해야 한다. 이 부분이 딜레마를 야기한다. 제품 책임자는 한 사람이어야 하지만, 대규모 스크럼 프로젝트에는 여러 명의 제품 책임자가 필요하기 때문이다. 여기에 대한 해결책은 한 사람이 제품 비전을 생성하고 구현하는 책임을 맡는 것이다. 그러려면, 서로 협력하는 제품 책임자와 수석 제품 책임자가 있는 구성이 필요하다. 이는 레스토랑에서 한 사람의 수석 주방장과 함께 여러 명의 주방장이 일하는 것과 유사하다.[7]

수석 제품 책임자는 다른 제품 책임자를 이끌어 준다. 필요성과 요구사항이 여러 팀에 지속적으로 전달되는지 확인하고, 프로젝트 전체 과정이 최적화된 상황인지 확인한다. 그러기 위해서는 협력을 통해 의사결정을 조정하고, 의견 일치가 어

6 이와 같은 내용은 콘웨이의 법칙[46]에 나와있다. 이 법칙에 따르면, 제품을 개발하는 조직 구조는 제품 아키텍처에 영향을 미칠 확률이 크다. 예를 들어, 세 개 팀으로 프로젝트를 시작하면, 아키텍처는 세 개의 주요 하위 시스템으로 만들어질 확률이 크다.

7 가장 높은 위치의 제품 책임자를 항상 수석 제품 책임자라고 하지는 않는다. 슈와버는 총괄 제품 책임자[13]라고 했고, 라만과 보드는 수석 제품 책임자를 그대로 제품 책임자[24]라 불렀다.

려울 경우 최종 결정권을 갖는다. 하나의 팀으로 시작한 프로젝트가 체계적으로 성장하면, 그 첫 번째 프로젝트 책임자가 주로 수석 제품 책임자 역할을 한다.

제품 책임자 계층구조

제품 책임자 계층구조는 한 명의 수석 제품 책임자를 둔 소규모 제품 책임자 팀에서부터 서로 여러 단계에서 협력하는 제품 책임자를 가진 복잡한 구조까지 다양하다. 간단한 구조부터 시작해서 두 가지 형태를 모두 살펴보자.

그림 1.2의 프로젝트 구조에는 세 개 팀과 세 명의 제품 책임자가 있다. 각 제품 책임자는 하나씩 팀을 담당한다. 이 제품 책임자들은 제품 책임자 B가 수석 제품 책임자 역할을 하는 제품 책임자 팀을 구성한다. 수석 제품 책임자가 있지만, 제품 책임자 계층구조는 평이하다. 이와 같은 역할 구조를 어떻게 적용할 수 있는지 예를 들어보자. 웹 포탈과 애플리케이션에 대한 책임을 지도록 제품 책임자 팀을 구성한 고객이 있었다. 네 명의 제품 책임자와 한 명의 수석 제품 책임자가 긴밀하게 협력한다. 각 제품 책임자가 애플리케이션 하나를 담당한다. 수석 제품 책임자는 모든 애플리케이션과 포털로 구성된 전체 제품을 책임진다.

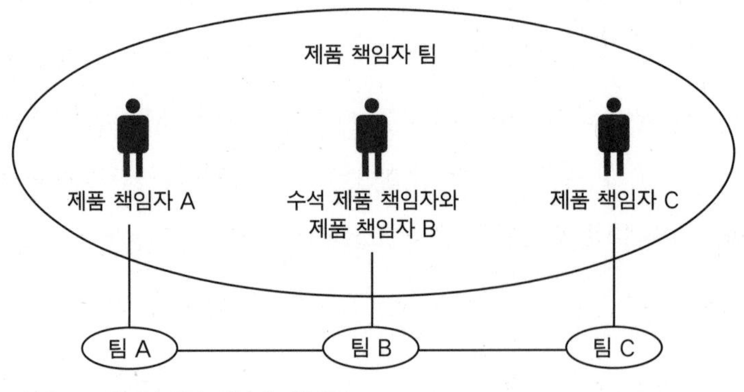

그림 1.2 단순한 제품 책임자 계층구조

그림 1.3은 대규모 스크럼 프로젝트에 알맞은 또 다른 옵션을 보여준다. 이는 슈와버의 저서 내용[13]에 기초한 것이다.

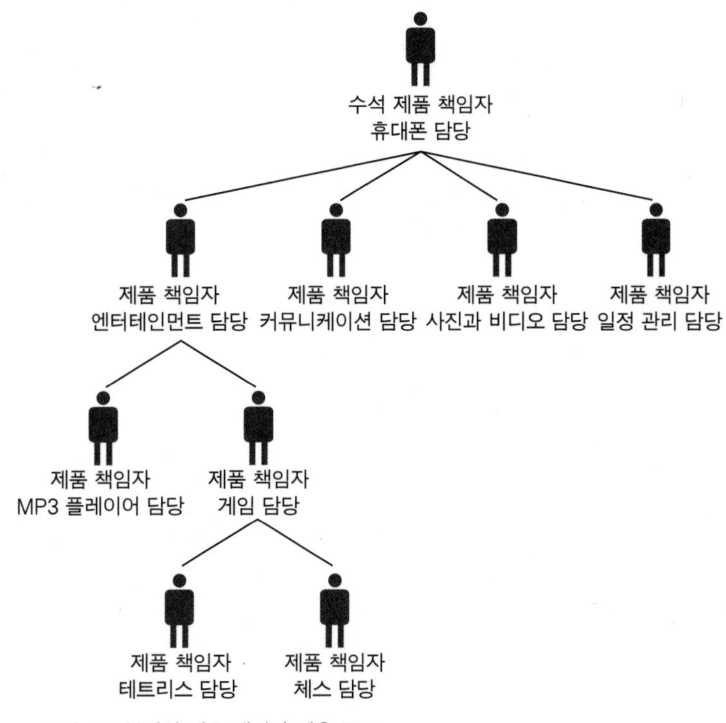

그림 1.3 복잡한 제품 책임자 계층 구조

그림 1.3에 일부 설명한 프로젝트 구조에는 네 개 층에 걸친 아홉 명의 제품 책임자가 있다.[8] 각 제품 책임자는 부하 직원을 지도하고 지원한다. 가장 상위 레벨의 제품 책임자는 전체 개발 작업과 제품의 성공을 책임지는 수석 제품 책임자다. 전체 제품 책임자들은 광범위한 계층구조를 이룬다.

복잡한 제품 책임자 계층구조가 각 제품 책임자의 일을 세분화하는 점을 주의 깊

8 슈와버는 각 제품 책임자는 스크럼 마스터와 기타 구성원이 있는 팀으로 구성된 통합 스크럼 팀의 일원이라고 주장했다.[13] 각 통합 스크럼 팀은 하위 레벨 팀을 지원한다. 그림 1.3에서 통합 스크럼 팀 '게임'은 예를 들어 '테트리스'와 '체스' 스크럼 팀을 지원한다.

게 보기 바란다. 수석 제품 책임자는 전체 개발 팀을 이끌면서, 고객과 기타 다른 이해당사자를 조율한다. 하위 레벨 제품 책임자는 기능이나 하위시스템에 좀더 집중하고 개발 팀과 긴밀하게 협력한다. 슈와버는 다음과 같이 적었다.[13]

> 제품 책임자는 계획하고, 구성하고, 분배하고, 부하 직원들의 업무를 확인한다. 레벨이 높을수록 제품 책임자의 업무도 어려워진다. 제품 수준의 업무를 책임지기 위해서는 부사장급이나 이사급에 해당하는 권한과 직책을 가져야 한다.

적합한 제품 책임자 선정

단 한 사람의 제품 책임자가 필요할 때라도 제품 책임자 역할에 알맞은 사람을 찾는다는 것은 무척 어려운 일이다. 대규모 프로젝트에 알맞은 제품 책임자를 어떻게 찾아야 할까? 대규모 프로젝트에 맞는 팀 구성의 다양한 방식을 이해한다면, 그 답을 얻기가 수월하다. 제품의 부분을 만드는 팀을 구성하는 데는 두 가지 방식이 있다. 피처feature 팀 또는 컴포넌트 팀으로 구성하는 것이다.[3], [35] 피처 팀은 하나 이상의 주제나 기능과 같이 잘 짜인 요구사항을 구현한다. 그 결과로 나온 제품은 소프트웨어 아키텍처의 주요 부분을 아우르는, 실행 가능한 단면이다. 컴포넌트 팀은 하나의 컴포넌트나 하위시스템을 생성한다.

두 팀의 구성은 서로 관련이 없다. 피처 팀은 제품 백로그 아이템을 중심으로 구성하고, 컴포넌트 팀은 소프트웨어 아키텍처를 중심으로 구성한다. 두 가지 모두 장점과 단점이 있다. 예를 들어, 컴포넌트 팀은 구조적인 통일성과 재사용성을 보장한다. 하지만, 안타깝게도, 사용자 스토리나 유스케이스 형태로 나타낸 제품 백로그 요소를 그대로 수용하지 못하고 별도의 구체적인 기술 요건을 필요로 하기도 한다. 그 팀은 제품 증가분을 만들기 위해서는 작업 결과를 통합해야만 한다. 이런 특징들은 총경비를 증가시킨다. 반면, 피처 팀은 주로 업무를 병렬로 진행한다. 통합 문제는 거의 없고, 제품 백로그에 명시된 요구사항도 소화할 수 있다. 하지만 구조적인 일관성과 재사용성은 해결하기 쉽지 않은 문제다. 일반적으로 피처 팀을 채택하고 반드시 필요한 경우에만 컴포넌트 팀을 구성한다.

컴포넌트 팀의 제품 책임자는 제품 백로그 아이템을 기술적 요구사항으로 변환하는 것을 도와야 하므로, 그 역할을 가장 잘 해낼 사람은 제품 관리자라기보다는 대부분 아키텍트나 선임 개발자다. 만약 프로젝트가 세 개의 피처 팀과 컴포넌트 팀 하나로 구성됐다면, 제품 책임자 역할을 모두 채우기 위해서는 세 명의 제품 관리자와 한 명의 아키텍트가 필요하다. 수석 제품 책임자는 제품 책임자 중 한 명이 수행한다.

흔히 하는 실수

제품 책임자 역할을 적용하는 것은 대부분 조직에게는 새로운 시도일 것이다. 효과적인 제품 책임자 역할을 성취하는 길에는 위험과 함정이 깔려있다. 흔히 나타나는 잘못을 피하는 데 도움이 될 사항들을 다음에 나열했다.

권한이 부족한 제품 책임자

제품 책임자의 권한이 부족한 프로젝트는 힘이 부족한 엔진을 가진 차와 같다. 차는 움직이지만 가는 길이 고르지 않으면 차가 고생한다. 권한이 부족한 제품 책임자는 실행력이 부족하다. 여기에는 여러 가지 이유가 있을 수 있다. 제품 책임자가 경영진의 충분한 관심을 받지 못했거나, 잘못된 직급이나 적임자가 아닌 사람으로부터 후원을 받거나, 경영자가 신임하지 않거나 의사결정 권한을 주는 데 어려움을 느끼기 때문이다. 그 결과, 제품 책임자는 스크럼 팀과 이해당사자, 그리고 고객을 조율하면서 릴리스에서 요구사항을 제외시키는 등의 업무를 효과적으로 수행하지 못한다. 예를 들어, 나와 함께 일했던 한 제품 책임자는 신제품을 개발하는 프로젝트를 담당했지만, 주요 의사결정을 내릴 때마다 해당 사업부문 최고 상사인 상관과 상의해야 했다. 당연히 업무는 지연됐고 팀이 제품 책임자에게 갖고 있던 신뢰마저 약화됐다. 제품 책임자가 완전한 권한을 갖고 있는지, 필요한 사람으로부터 지원과 신뢰를 받는지 항상 확인해야 한다.

혹사당하는 제품 책임자

과로가 개인 건강에 좋지 않고, 업무를 지속하기 힘들다는 점으로 끝나는 것만은 아니다. 제품 책임자가 과로로 혹사당할 경우, 일을 제때 수행하지 못해 프로젝트 진척에 문제가 생길 수 있다. 이런 제품 책임자는 제품 백로그를 손질하는 일을 등한시하고, 스프린트 계획 수립 회의나 회고 회의를 놓치고, 한참 지체가 된 후에야 겨우 질문을 받거나 대답을 해주는 등의 상황을 만든다. 이처럼 지친 제품 책임자는 지속적인 속도를 유지하는 애자일 선언 개념과도 어울리지 않는다. "애자일 프로세스는 지속 가능한 개발을 촉진시켜야 하며, 스폰서와 개발자, 그리고 사용자는 언제까지나 꾸준한 속도를 유지할 수 있어야 한다."[41]

제품 책임자가 혹사당하는 데는 두 가지 주된 원인이 있다. 그 역할을 수행할 충분한 시간을 주지 않거나 팀으로부터 충분한 지원을 받지 못하는 경우다. 제품 책임자 역할이 시간과 관심을 얻기 위해 경쟁해야 하는 많은 업무 중 하나거나, 제품 책임자가 지나치게 많은 제품이나 팀을 돌봐야 할 때 주로 제품 책임자의 가용성이 문제가 된다. 팀이 충분한 지원을 하지 않는다는 것은 제품 책임자의 역할에 대해 잘못된 생각을 갖고 있기 때문이다. 제품 책임자가 한 명이더라도,

제품 책임자가 하는 대부분의 일은 협력을 통해 이뤄진다. 팀과 스크럼마스터는 반드시 제품 책임자를 지원해야 한다.

제품 책임자가 혹사당하지 않게 하려면, 다음과 같은 방법을 사용해보자. 첫째, 당사자를 다른 모든 업무로부터 자유롭게 해준다. 제품 책임자가 전업이며, 한 사람의 제품 책임자가 제품 하나와 팀 하나만을 맡는다고 생각하자. 둘째, 제품 책임자와 협력하기 위해 팀이 스프린트마다 시간을 내야 한다. 스크럼은 제품 책임자를 지원하기 위해 스프린트마다 팀 역량 중 최대 10%까지 할당한다.[13] 협력을 통해 여러 사람이 부담을 나눠 가질 수 있을 뿐 아니라 팀 공동의 지식과 창의성을 배가시킬 수 있다.

부분적인 제품 책임자

어떤 조직에서는 제품 책임자 역할을 여러 사람에게 나누기도 한다. 예를 들어 제품 관리자와 제품 책임자를 따로 고용하기도 한다. 제품 관리자는 제품 마케팅과 제품 관리에 관한 부분을 도맡고, 비전을 소유하며, 조직 외부 일을 수행하며, 시장과 접촉한다. 제품 책임자는 조직 내향성을 띠고, 스프린트를 진행하며, 팀과 함께 일한다. 이 경우, 제품 책임자는 제품 백로그 요소 작성자나 다를 바 없다. 이런 방식은 이미 이전부터 존재하던 장벽을 두텁게 하고, 책임과 권한의 경계를 흐릿하게 하며, 책임 전가와 지연, 그리고 기타 다른 낭비를 유발한다.

조직은 제품 책임자 역할을 나누기보다, 제대로 적용하도록 해야 한다. 한 사람이 제품 관리의 전략적이고 전술적인 부분을 모두 책임져야 한다. 그 일은 6장에서 논의하는 것처럼, 직책에 따라 역할과 경력을 수정해야 하고, 무거운 책임감을 질 수 있도록 개개인을 훈련시키는 등 조직적인 변화가 필요할 수도 있다.

멀리 떨어진 제품 책임자

원거리에 위치한 제품 책임자는 팀과 떨어져 일한다. 이와 같은 거리감이 마치 제품 책임자와 팀이 서로 다른 대륙에 위치한 국제화된 세계라는 이미지를 떠올리게 할 수도 있다. 하지만 거리감에는 여러 가지 형태와 정도가 있다. 여러 방에 분산돼 동일한 사이트 작업을 하는 것부터, 제품 책임자와 팀을 대륙과 표준 시간대가 다른 곳으로 나눴을 수도 있다.[44] 원거리에 있는 제품 책임자에게 반복적으로 일어나는 문제는 불신과 잘못된 의사소통, 통일성의 부재, 느린 진척상황 등이다. 이유는 물론 있다. '개발 팀에게 전달하거나 개발 팀 내에서 정보를 전달하는 가장 효율적이고 효과적인 방법은 얼굴을 맞대고 하는 대화'이기 때문이다.[41]

모든 스크럼 팀 구성원을 한 곳에 위치시키면서 제품 책임자를 원거리에 두는 것은 피해야 한다. 이전에 언급했듯이, 모바일닷디이는 제품 책임자, 스크럼마스터, 그리고 팀을 동일 장소에 배치한 후 현격한 생산성 증가와 사기 향상을 경험했다. 동일 장소에 배치하는 것이 어렵다면, 제품 책임자가 가능하면 많은 시간을 스크럼 팀과 같은 장소에서 보내야 한다. 원거리에 있는 제품 책임자라도 적어도 스프린트 계획 수립, 검토, 회고 회의에는 현장에 있어야 한다. 원거리 제품 책임자에서 동일 장소에 배치된 제품 책임자로 전환하기 위해서는 시간이 걸리기도 한다. 때로는 해당 지역 제품 책임자를 채용해서 훈련시켜야 할 수도 있다. 또는, 어디서 제품을 개발해야 할지를 포함해, 기업의 제품 전략에 대해 재고해볼 필요도 있다.

제품 책임자 대리인

제품 책임자에 대한 대리인은 실제 제품 책임자 자리를 대신하는 사람이다. 제품 책임자 대리인은 혹사당한 제품 책임자, 불완전한 제품 책임자, 또는 멀리 떨어진 실제 제품 책임자를 대신한다. 어느 고객 사에서 제품 관리 부문의 부사장이 사업 성공에 중요한 제품을 만들기 위해 제품 책임자 역할을 맡아달라는 요청을 받았다. 비록 그가 그 역할에 매우 이상적인 사람이긴 했지만, 팀과 충분한 시간을 보내기 힘들었다. 해당 팀의 비즈니스 분석가는 실제 제품 책임자가 현장에 있을 수 없을 때 그를 대신해 제품 책임자 대리인 역할을 했다. 제품 책임자 대리인은 권한을 받지 않은 상태에서 제품 책임자 업무 대부분을 수행했다. 실제 제품 책임자는 제품 백로그의 우선순위화, 릴리스 계획 수립, 작업 결과를 수용할지 거부할지 등에 대한 결정을 최종적으로 내렸다. 하지만 점차 갈등과 오해가 증폭됐고, 의사결정이 느려졌으며, 생산성과 사기가 저하됐다.

제품 책임자 대리인을 이용하는 것은 체계적인 문제를 피상적으로 다루려는 시도일 뿐이다. 조직은 임시변통 조치를 취하기보다는 근본적인 해결책을 찾아야 한다. 그러기 위해서는 제품 책임자를 다른 업무로부터 자유롭게 해줘야 할 수도 있고, 제품 책임자, 스크럼마스터, 그리고 팀을 동일 장소에 배치하거나 아예 새로운 제품 책임자를 찾아야 할 필요도 있다.

제품 책임자 위원회

제품 책임자 위원회는 제품 책임자로 구성된 그룹으로, 그중 누구도 제품에 대해 전반적인 책임을 지지 않는다. 그룹을 지도하고, 공동 목표를 생성하는 데 도움을 주거나, 의사결정을 조정하는 사람도 없다. 제품 책임자 위원회는 관심사의 충돌과 정치적인 이유로 인해 회의만 끊임없이 하는 위험에 빠질 수도 있다. 이것을 '위원회에 의한 죽음death by committee'이라고도 한다. 사람들은 협력하는 것을 그만두고 서로 싸우기 시작하기 때문에, 실질적인 진척은 전혀 이뤄지지 않는다. 항상 제품에 대해 책임을 지는 한 사람, 즉 다른 제품 책임자를 이끌고, 제품 백로그의 우선순위화와 릴리스 계획 수립과 같은 의사결정을 중재하는 총괄/수석 제품 책임자를 둬야 한다.

성찰

제품 책임자 역할은 스크럼에 애자일 제품 관리 방식을 성공적으로 적용하는 주춧돌이다. 제품 관리자가 홀로 방 안에 갇혀 완벽한 요구사항을 생각해 내기 위해 머리를 쥐어짜던 시대는 갔다. 제품 책임자는 스크럼 팀의 한 구성원이므로, 긴밀하고 지속적인 협업에 전념해야 한다. 다음 질문이 제품 책임자 역할을 성공적으로 적용하는 데 도움을 줄 것이다.

- 회사에서 고객과 사용자를 대표하는 사람은 누구인가?
- 고객이 필요로 하는 것과 제품 기능을 선별하고 설명하는 사람은 누구인가?
- 비전에 관한 활동을 이끄는 사람은 누구이며, 비전에 생명을 불어넣는 활동을 이끄는 사람은 누구인가?
- 팀워크와 협업을 통한 의사결정이 하는 역할은 무엇인가?
- 1장에서 설명한 제품 책임자 역할을 구현하는 데 필요한 것은 무엇인가?

2장 제품 비전 만들기

1990년대 초반에 전화로 회의하는 것은 그다지 즐거운 경험이 아니었다. 참석자들은 테이블에서 고개를 멀찍이 돌려 마이크에 대고 소리를 질러야만 했고, 여럿이 동시에 이야기라도 하면, 목소리가 끊겨서 마치 횡설수설하는 것처럼 들렸다. 전화, 화상, 음성, 콘텐츠 공유 솔루션 전문업체인 폴리컴은 소리가 왜곡되거나 울림현상이 없고, 방해 없이 자연스럽게 마주보고 대화하는 것처럼 느낄 수 있는 전화회의가 고객에게 필요하다는 것을 알았다. 폴리컴은 다음과 같은 특성을 갖춘 제품을 생각했다.[10]

- 여러 명이 동시에 대화하면서, 서로 이해할 수 있을 정도의 최상의 오디오 품질
- 혼란스러운 버튼이나 코드가 없는 간편한 사용법
- 간부 회의실에 어울릴 만한 최고급 외관

그 결과로 나온 제품이 1992년 출시된 사운드스테이션이다. 제품 비전은 제품의 엄청난 성공에 중요한 디딤돌이었다. 2장에서는 제품 비전을 만드는 기법에 대해 설명하겠다. 효과적인 제품 비전의 내용과 품질부터 이야기해보자.

제품 비전

루이스 캐럴이 쓴 『이상한 나라의 앨리스』에서, 앨리스는 체셔 고양이에게 물었다. "여기서 어디로 가야 하는지 얘기 좀 해주시겠어요?" 고양이가 대답했다. "어디 가고 싶은지에 따라 많이 달라지지." 앨리스가 말했다. "어디냐는 그다지 중요하지 않은데…." 고양이가 말했다. "그러면 어느 방향으로 가는지도 상관없겠네."[14]

비전을 만드는 능력, 즉 새로운 제품이 무엇인지, 또는 다음 버전이 어때야 하고 어떤 기능을 가져야 하는지를 정의하는 능력은 목표에 도달하기 위해 반드시 필요하다. 비전 만들기 작업을 통해 앞으로 출시될 제품이 갖게 될 모습, 즉 제품 비전을 그려낼 수 있다.[1] 제품 비전은 사람들을 일깨우고 지도하는 매우 중요한 목표이며, 제품의 존재 이유다. 앞에서 살펴본 폴리컴 사례와 같이, 비전은 제품 본질을 포착해, 대략적이지만 선별적으로 제품을 묘사해야 한다. 제품의 본질은 제품을 개발하고 출시하는 데 매우 중요한 정보다. 스프린트 검토 회의에서 제품 증가분을 고객과 사용자 앞에서 시연하고, 소프트웨어를 일찍 그리고 자주 릴리스하는 것이 바로 비전을 검증하고 다듬는 과정이다. 효과적인 비전을 만들기 위해서는 다음의 내용을 고려해야 한다.

- 누가 그 제품을 살 것인가? 주 고객은 누구인가? 누가 그 제품을 사용할 예정인가? 누가 주 사용자인가?
- 제품이 어떤 요건을 해결해야 하는가? 제품이 어떤 가치를 주는가?
- 제품 성공을 위해 결정된 요건들 중 제품의 어떤 속성이 중요한가? 제품

1 제품 비전이 스크럼 프레임워크의 일부는 아니지만 슈와버와 비들이 그 중요성에 대해 언급한 바 있다.[12] 켄 슈와버도 『스크럼을 활용한 애자일 프로젝트 관리(Agile Project Management with Scrum)』에서 제품 비전에 관해 다음과 같이 언급했다. "비전은 프로젝트를 왜 수행하는지, 그리고 바람직한 결과는 무엇인지를 나타낸다."[21]

이 대략 어떤 모양새를 갖추고, 어떤 기능을 수행하는가? 제품이 어떤 부분에서 뛰어난가?

- 제품이 경쟁사 제품과 자사의 기존 제품과 어떻게 비교되는가? 제품이 갖는 특별한, 상품판매 시 강조할 점은 무엇인가? 목표 가격은 어떻게 되는가?
- 기업은 그 제품을 판매해서 어떻게 돈을 벌 것인가? 수익의 원천은 무엇이며, 비즈니스 모델은 무엇인가?
- 제품이 실현 가능한 것인가? 기업이 그 제품을 개발해 판매할 수 있는가?

비즈니스 모델을 바꿀 발판으로, 새로운 제품을 사용할 계획이라면, 위와 같은 내용을 제품 비전 안에 반영해야 한다. 애플의 아이팟과 아이튠즈 예를 들어보자. 애플은 아이팟이라는 훌륭한 제품을 만들어냈고, 그 제품을 탁월한 비즈니스 모델로 포장해서 디지털 음악 시장을 장악했다. 애플사가 온라인 음악 시장인 아이튠즈와 아이팟을 통합하자 음악을 온라인상에서 손쉽게 구매할 수 있는 방법이 생겼고, 고객을 그 시장 안에 가둬두는 역할까지 했다. 이로 인해 애플은 게임의 규칙을 바꿀 수 있었다. 상대적으로 저렴한 가격에 온라인상에서 음악을 판매할 수 있게 된 것이다. 애플은 음악에 대한 수익은 적게 가져가지만 MP3 플레이어에서는 높은 수익을 올린다. 아이팟이라는 비전에는 아이튠즈와의 매끄러운 통합이라는 요구사항이 당연히 담겨 있었고, 아이튠즈의 비전은 아이팟 판매를 통해 얻는 추가적인 수입과 비즈니스 모델을 함께 표현했을 것이다.

비전의 바람직한 특징

비전은 향후 제품의 본질을 간결하게 전달하고 방향을 제시하는 공동의 목표를 설명해야 하며, 창조성을 수용할 만큼 범위가 넓어야 한다.

공유와 통일

스크럼 팀, 경영진, 고객, 사용자, 기타 이해당사자처럼 개발 작업에 참여한 모든 사람들은 비전을 신뢰해야 한다. 피터 셍게가 주장했듯이, "비전은 나와 상대가 (비전에 대한) 비슷한 그림을 그리고, 각자의 목표가 아닌 서로의 목표를 위해 전념할 때 진정으로 공유된다."[37] 공동의 비전은 질서를 창조하고, 개발 작업에 참여하는 모든 사람들을 자극하며, 효과적인 팀워크를 조성하고, 팀 학습을 가능하게 해준다. "사람들이 진정으로 비전을 공유하면, 공동의 포부가 서로를 이어준다."[37] 팀 구성원이 개인적인 비전을 갖는다면, 그 개인은 공동의 목표와는 다른 방향으로 향하고 만다. 공동의 비전을 창조하는 가장 좋은 방법은 스크럼 팀과 이해당사자 모두를 비전 활동에 참여시키는 것이다.

폭넓게, 매력 있게

프로젝트 비전은 넓은 범위에 걸친 매력적인 목표를 나타내야 한다. 그 목표란, 개발 작업을 이끌면서도 창조성을 위한 충분한 공간을 남겨두는 것이며, 사람들을 고취시키고 매료시켜야 한다. 구글의 검색 제품과 사용자 경험 부문 부사장인 마리사 메이어[2]는 구글이 비전을 어떻게 활용했는지 다음과 같이 설명했다.

> 어떤 주제에 관해 매우 열정적인 사람들로 팀을 꾸렸다. 참 재미있는 일은, 지금도

2 현재는 야후 사의 CEO임 - 옮긴이

아주 상세하게 정의한 제품 명세서를 만들지 않는다는 것이다. 개발해야 하는 제품에 대해 70페이지 분량의 문서를 작성해야 한다면, 그 과정에서 창조성은 제외될 것이다. 엔지니어가, "그거 아세요? 제가 정말 추가하고 싶은 기능이 있는데 여기 빠졌네요!" 라고 말할 수도 있다. 그런 창조성을 제품에서 밀어내고 싶지는 않다. 자신이 개발하고 있는 제품에 대한 비전을 함께 만들면서도, 팀의 각 구성원이 창의적으로 참여할 수 있는 여지를 남기는 합의 중심 방식은 정말 고무적이며, 지금까지 얻어온 몇 가지 최상의 결과를 낳았다.[3]

지나치게 많은 세부사항을 만들거나 제품에 대해 과도하게 설명하고 싶은 유혹에서 벗어나라. 프로젝트를 진행하다 보면, 더 많은 기능을 발견할 수 있고, 그 기능을 제품 백로그에 포함시킬 수 있다.

짧고 호소력 있게

제품 비전에 관해서라면, 단순한 것이 아름답다. 비전은 짧고 간결해야 한다. 비전에는 제품 성공에 필수적인 정보만 담아야 한다. 예를 들어, 린과 라일리가 10년간 연구한 내용을 보면, 엄청난 성공을 거둔 제품은 모두 6개 이하의 제품 특성을 갖고 있다.[10] 제품 비전은 기능 목록이 아니므로 불필요한 세부사항을 담을 필요가 없다. 애자일 프로젝트 관리 전문가인 짐 하이스미스는, "15개나 20개의 제품 기능이나 특징을 생각해내기는 쉽지만, 사람들이 그 제품을 구매하게 만드는 서너 가지를 선별하는 것은 어렵다."고 했다.[22] 제품 개발 전문가인 도널드 라이넛슨도 이와 동일한 의견을 냈다. "성공한 제품 대부분은 단순 명료한 가치를 제안한다. 구매자는 주로 서너 가지 핵심 요소에 근거해 서로 경쟁하는 제품 사

3 2006년 6월 30일 발행된 「비즈니스위크」에 실린 '구글의 신제품 프로세스의 내면(Inside Google's New-Product Process)' www.businessweek.com/technology/content/jun2006/tc20060629_411177.htm

이에서 선택한다."[25]

"엘리베이터를 타고 올라가는 데 걸리는 시간 안에 제품 설명을 할 수 있겠습니까?"라는 무어의 엘리베이터 테스트를 통과한 제품 비전은 대부분 간결하다.[23] 그 대답이 "아니요."라면, 비전은 너무 길거나 복잡한 것이다.

최소한의 시장성을 갖춘 제품

비전을 만들기 위해 스크럼 팀은 미래를 엿보며, 미래 제품이 대략 어떻게 생겼고, 어떤 기능이 있다고 생각하는지를 서술한다. 완벽한 예지력을 가진 사람이 아니라면 미래를 정확하게 예측하기가 매우 어렵다. 미래에 관해 유일하게 확실한 사실은 미래가 불확실하다는 것 뿐이다. 어떤 시장조사 기법도 100% 정확한 예상을 내놓을 수는 없으며, 절대로 실패하지 않는 투자는 없다. 예를 들어, 쿠퍼는 새 제품 실패율이 25%에서 45%라고 했다.[40] 다른 연구 결과는 더 높은 실패율을 보이기도 한다. 다음 이야기가 뒷받침해주듯, 시장은 예상 외로 전개되고, 고객 반응은 예측하기 힘들다.[4]

엑스퍼트시티 사가 1999년에 대화형 기술 지원 시스템을 출시했을 때, 그 회사는 큰 기대를 했다. 시장조사 자료는 신제품의 높은 성공 가능성을 보여줬지만, 안타깝게도 제품은 회사가 바라던 바를 실현시켜주지 못했다. 하지만 엑스퍼트시티는 생각지도 못한 기발한 방식으로 사용자가 제품의 한 부분인 데스크톱 공유 유틸리티를 사용한다는 점에 주목했다. 고객들은 멀리 떨어진 장소에서 컴퓨터를

4 시장 반응을 예측하는 정확도는 시장 유동성과 제품 혁신 정도에 따라 달라진다. 안정적인 상태의 시장과 지속적이거나 점진적인 혁신을 이루는 제품이라면 시장 반응을 어느 정도 정확하게 예상하는 것도 가능할 수 있다. 이와는 다른 시장상황이거나 제품이라면, 파괴적 혁신처럼, 시장 반응을 예상하기가 어렵거나 심지어는 불가능할 수도 있다. 크리스텐슨은 "존재하지 않는 시장은 분석할 수 없다."[17]고 했다.

관리하기 위해 그 기능을 사용했다. 회사는 상황에 맞게 대응하기 위해, 제품을 재빨리 수정해서 원격 관리 도구 GoToMyPC로 바꿨다. 그 제품은 크게 성공했고, 2003년 시트릭스가 2억 2,500만 달러에 엑스퍼트시티를 인수하기로 결정했다. GoToMyPC는 이제 시트릭스 온라인 제품의 일부다. 엑스퍼트시티의 기존 제품 비전이 틀렸을 수도 있지만, 상황에 대처하는 능력으로 인해 회사는 실패를 엄청난 성공으로 바꿀 수 있었다.

미래를 예측하는 능력에는 한계가 있다. 따라서, 한정된 고객 요구에 부응하며 최소한의 기능을 갖춘, 최소 시장성 제품[5]에 대한 비전을 그려보는 것이 최선이다. 2007년에 출시된 아이폰을 생각해보자. 아이폰의 특별한 사용자 경험이 경쟁사를 당혹시켰다. 스마트폰의 새로운 기준을 세운 것이다. 특정 고객층을 선별해 제한된 집단을 타깃으로 한 제품을 출시한 것이 애플의 성공 요인 중 하나였다. 애플은 한 번에 너무 많은 사람들을 만족시키려고 경쟁사 제품의 모든 기능을 제공하려는 함정으로부터 벗어났다. 대신, 스마트폰 모양이나 기능을 새로운 시각으로 보고, 몇몇 기능을 일부러 제외시켰다. 초기 아이폰은 당시 전화기에서는 기본 사양으로 알려진 기능을 상당수 제외한 채 출시됐다. 예를 들어, 복사하기와 붙여넣기 기능, 여러 사람에게 동시에 문자를 전송하는 기능은 물론, 소프트웨어 개발 도구까지 뺐다. 그러나 이런 한계가 성공하는 데 장애가 되지 않았다. 점차 기능을 통합하면서 애플은 남보다 빠른 시간 안에 제품을 개발해서 출시할 수 있었고, 이로 인해 애플은 경쟁우위에 설 수 있었다. 첫 아이폰 버전 성공에 힘입어, 애플은 2008년에 하드웨어와 소프트웨어 측면에서 기능을 확장한 아이폰 3G 모델을 출

5 최소 시장성 제품(minimal marketable product)이라는 용어는 마크 덴네와 제인 클릴랜드 후앙의 저서인 『원칙을 따르는 소프트웨어(Software by Numbers)』[36]를 보기 바란다. 그 책에서 저자는, 고객을 위해 가치를 창조하는 최소한의 기능이라는 의미로, 최소 시장성을 갖춘 피처 모음(minimal marketable feature set)이라는 용어를 만들었다. 최소한의 기능을 재빨리 인도하고, 제품을 점진적으로 발전시킨다는 생각은 톰 길브의 진화적 출시 방법에서 기인한다.[33]

시했다. 이렇게 애플은 비즈니스 사용자를 목표로 한 새로운 시장에 진입했다.

아이폰 성공 스토리를 또 다른 애플 제품과 비교해보자. 1993년, 애플 뉴튼은 5년 개발 끝에 처음 출시됐다. 손글씨 인식은 물론, 여러 가지 멋진 작업을 할 수 있는 PDA를 약속한 애플 광고를 기억하는가? 마침내 뉴튼이 출시됐지만 제품은 너무 덩치가 크고 무거웠다. 설상가상으로, 가장 중요한 기능인 손글씨 인식 기능이 제대로 작동하지 않았다. 뉴튼은 제대로 성능을 발휘하지 못했고, 결국 1998년, 시장에서 사라졌다. 돌이켜 보자면, 애플은 뉴튼에 대한 야망이 너무 컸다. 한 번에 너무 많은 일을 하려다 결국 실패한 제품을 출시한 것이다.

스미스와 라이넛슨[25]과 덴네와 클릴랜드 후앙[36]이 주장하듯, 제품을 최소한으로 만들면 여러 가지 이점이 따른다.[6] 최소 사양 제품은 좀더 신속하게 출시할 수 있어, 시장에 내놓는 시간이 짧아진다. 또한 필요한 기능을 시기적절할 때 릴리스할 수 있다. 제품을 낮은 비용에 개발하므로 ROI는 더 높다. 대금을 일찍 받을 수 있어서 현금 흐름이 향상되고, 학습 속력이 붙는다. 시장에 내놓을 시간을 줄임으로써, 시장상황을 예측하는 대신 더 자주 시장 소리를 귀담아 듣고 반응할 수 있다. 최소한의 제품을 신속하게 내놓는다면 위험도 감소시킬 수 있다. 제품이 제 기량을 발휘하지 못해 초기부터 시장에서 철수해야 하더라도 손해 보는 금액이 적어지기 때문이다. 이 방법은 전략에 실패할 확률까지도 고려할 수 있어, 구글이 수용한 방법이기도 하다. 구글의 마리사 메이어는 다음과 같이 설명했다. "우리가 수많은 제품을 내놓아도 사람들은 정말 자기에게 의미 있는 제품과 잠재력 있는 제품만 기억할 것이다."[7]

---

6 스미스와 라이넛슨[25]은 혁신을 더 작고 빠른 단계로 분해하는 기법을 점진적 혁신(incremental innovation)이라 부른다.

7 2006년 7월 10일 발행된 「비즈니스위크」의 "높은 관심, 보잘것없는 성공작(So Much Fanfare, So Few Hits)", www.businessweek.com/magazine/content/06_28/b3992051.htm. 이와 유사한 예로, 유명한 3M의 아트 프라이가 주장하는 바와 같이 "왕자를 찾기 위해서는 수많은 개구리에게 키스를 해야 한다."는 말에도 잘 나타나 있다.

미래가 불확실하기 때문에, 비전에는 그 다음 버전 제품도 포함시켜야 한다. 스티브 잡스의 오랜 꿈이 휴대폰 시장을 지배하는 것이었다 하더라도, 그것이 첫 번째 아이폰의 목표는 확실히 아니었다. 큰 야망은 한 번에 한걸음씩 옮길 때 가장 잘 실현된다. "정말 중요한 행동은 하나밖에 없다. 바로 다음 행동이다."[33] 비전이 정해지면, 고객과 사용자 피드백을 토대로 출시 가능한 제품을 만든다. 피드백은, 스프린트 검토 회의에서 제품 증가분을 시연하고, 신속하게 자주 소프트웨어를 릴리스하면서 수집한다. 이와 같은 방식으로 작업하면 스크럼 팀은 올바른 제품을 개발하고 있는지를 재빨리 파악할 수 있다. 올바른 제품이 아니라고 판단되면, 비전이 잘못된 것이므로 수정해야 한다.

비전은 여러 릴리스를 통해 구현할 수도 있다. 구글 크롬의 첫 버전을 예로 들어보자. 구글은 2008년 12월 1.0 버전이 나오기 전, 브라우저를 비공개로 여러 번 출시했으며, 2008년 9월에 베타 버전을 공개했다. 2장 뒷부분에서 설명하겠지만, 제품 성장에 대한 장기적인 전망을 제품 로드맵의 형태로 담아낼 수 있다.

단순함

단순함은 사용이 용이한 최소한의 기능을 갖춘 제품을 만드는 데 도움이 된다. 단순함을 지나치게 단순화한 제품을 만드는 것만으로 착각하지 말자. 레오나르도 다빈치는 말했다. "단순함이야말로 최상의 정교함이다."

오캄의 면도날

단순함을 가이드라인으로 삼는 것은 오랜 전통이다. 14세기 프란체스코회 수도 사였던 오캄은 기능상으로 동일한 설계 중 선택을 해야 한다면, 가장 단순한 설계를 선택해야 한다고 주장했다.[4] 이 주장은 오캄의 면도날Ockham's razor로 알려져 왔다.

단순함이 제품의 미학에 관한 것만은 아니다. 이는 제품 본질에 초점을 맞춰야 함을 의미하며, 실제로 필요한 것만 구축하고, 제품을 손쉽게 조정하고 확장할 수 있어야 함을 뜻한다. 단순하지만 쓸모 있는 제품은 사용이 간편하다. 애플의 초창기 아이팟을 생각해보라. 클릭 가능한 휠이 달린 아이팟은, 단순한 최소 기능을 추구하지만 본질적인 기능은 모두 제공한다. 벡과 안드레스는 "단순함을 추구하는 프로젝트는 소프트웨어 개발 생산성과 사람에 대한 배려 모두를 향상시킨다."고 했다.[15]

단순한 것이 더 아름답다

경쟁에서 이기기 위해서는 더 많은 기능을 갖춘 우월한 제품이 필요하다는 것이 보편적인 생각인 듯하다. 기능이 많을수록 더 좋고 더 바람직하다는 발상이다. '사용이 편한 웹 애플리케이션' 상을 받은 37시그널스라는 회사는 관점이 다르다.[29] 37시그널스는 단순함을 염두에 두고 제품을 설계하면서 제품 본질에 집중한다.

> 경쟁사를 이기기 위해서는 더 단순하게 만들어라… 제품이 어떤 기능을 제공할지 생각해보고, 기능을 반으로 줄여라… 군더더기 없고 깔끔한 서비스로 시작해서 관심을 끌게 만들어라. 그러고 나서 이미 구축해놓은 탄탄한 기초 위에 기능을 추가하기 시작하라.

단순함에 관한 전문가이자 MIT 교수인 존 마에다도 그 말에 동의한다. "단순함을 달성하는 가장 단순한 방법은 사려 깊은 축소에 있다. 의심이 들면, 일단 제거하라."[39] 스티브 잡스는 다음과 같은 말을 했다. "혁신은 모든 것에 '예'라고 말하는 것이 아니다. 가장 중요한 기능을 제외한 나머지 모든 것에 '아니요'라고 말하는 것이다." 애자일 소프트웨어 개발 선언문도 단순함을 12가지 원칙 중 하나로 보고, 그것을 '반복 내 작업량을 최적화 시키는 기술'[41]이라며, 그 의견에 공감한다. 새로운 기능에 대한 아이디어가 생기거나 새로운 요구사항을 발견할 때마다, 그 새로운 기능이 제품 성공에 꼭 필요한지 스스로에게 물어봐야 한다. 꼭 필요하지 않다면, 그 아이디어를 버려야 한다. 이런 방법으로 단순하고 복잡하지 않으면서 고객이나 사용자가 필요로 하는 기능만을 제공하는 제품을 만들 수 있다.

단순한 사용자 인터페이스

대외적으로 구글은 사용자 경험의 가장 중요한 원칙으로 단순함을 차용했다. "구글은 피처가 많은 제품을 만들려 하지 않는다. 최고 디자인은 사람들이 목적을 달성하는 데 필요한 피처만을 담은 것이다. 이상적으로는, 많은 피처와 복잡한 화면 설계를 요구하는 제품조차도 강력하면서도 단순하게 보여야 한다… 우리 바람은 더 많은 피처를 추가하는 대신에 새로운 방향으로 제품을 진화시키는 것이다."[8] 리드웰과 홀든, 버틀러는 구글이 단순한 사용자 인터페이스 설계로 큰 성과를 올렸다고 평가했다. "다른 인터넷 검색 서비스가 웹 사이트에 광고 서비스와 부가적인 기능을 추가하느라 경쟁할 때, 구글은 디자인을 단순하고 효율적으로 유지했다. 그 결과 웹에서 가장 사용하기 쉽고 강력한 검색 서비스가 될 수 있었다."[4] 그리고 『구글은 일하는 방식이 다르다The Google Way』 저자인 버나드 지라드는

8 "구글의 사용자 경험에 기여하는 열 가지 원칙(Ten principles that contribute to a Googley user experience)" www. google.com/corporate/ux.html

단순함이 구글 광고 프로그램인 애드워즈AdWords가 성공하는 데 도움이 됐다고 강조한다.[2]

> 애플 제품을 사용자 친화적이고 사용하기 편하게 만들어준 매킨토시의 직관적인 그래픽 사용자 인터페이스처럼, 구글의 애드워즈 인터페이스 설계와 사용자 친화적인 부분은 매우 성공적이었다. 어떤 광고주라도 광고가 어떻게 올라가는지 쉽게 이해할 수 있다….

고객 요구와 제품 속성

고객 요구와 제품 속성은 비전의 핵심이므로 그만큼 세심한 주의가 필요하다. 적절한 고객 요구를 선정하면 어떤 시장을 목표로 삼아야 할지 알 수 있다. 요구에 집중하면, 제품을 고객이나 사용자를 도와주는 목적 달성의 수단으로 볼 수 있다. 제품 속성은 이 같은 요구에 부응하기 위해 제품이 반드시 지녀야 하는 중요한 속성을 말한다. 예를 들면, 터치 스크린은 제품 속성이다. 이 속성 아래 잠재된 요구는 사용편의성이다. 속성은 기능적일 수도, 비기능적일 수도 있다. 기능적 속성은 전화를 걸거나 받는 기능처럼, 제품의 구체적 기능을 말한다. 비기능적 속성은 성능, 견고함, 스타일, 설계, 사용성 등을 말한다. 비기능적 속성은 제품을 차별화시키는 중요한 요소가 될 수 있다. 이들 요소는 사용자 경험은 물론 제품의 확장성과 유지보수성에도 영향을 미칠 수 있으며, 총소유비용과 제품 기대 수명에도 영향을 줄 수 있다.

속성은, 가능한 모든 해결 방안 중, 해결 영역을 제한함으로써 팀에게 길을 제시한다. 고객 요구를 명시하고 제품 속성을 최소화해 요구를 기술적 솔루션으로 연결할 수 있으며, 고객을 개발 작업의 중심에 둘 수 있다. 요구와 속성을 분리하면 그 제품이 왜 필요한지, 그리고 어떤 모양새를 갖추고 어떤 기능이 있어야 하는지 파악할 수 있다. 최적의 속성을 찾아내기 위해 다양한 속성을 탐색해보는 것도 좋다. 예를 들어, 사용편의성을 제공하기 위해 터치 스크린이 좋은 방법일 수는 있지만, 그 외 몇 개의 큰 버튼이나 음성 인식이 더 저렴한 대안이 될 수도 있다.

제품 속성을 파악하고 나면, 속성의 우선순위를 정하는 것이 효과적이다. 여러 가지 요구에 부응하는 속성은 중요하므로 우선순위를 높여야 한다. 우선순위를 정해두면 속성이 서로 충돌할 때 특히 도움된다. 상호운영성과 유용성이라는 두 속성을 생각해보자. 시스템이나 장비와 상호 운영될 수 있는 능력은 구조적으로 꽤 복잡하다. 반면 유용성은 단순하고 확장 가능한 아키텍처가 필요하다는 것을 의미한다. 그 결과, 갈등이 생긴다. 제품 책임자, 스크럼마스터, 그리고 팀은 서로 양립할 수 없는 두 속성을 조화시키면서, 고객 요구를 충족시킬 최적의 솔루션을 찾아야 한다. 콕번은 제품 속성에 다음과 같은 우선순위 요소를 사용할 것을 제안했다.[24]

- 이 속성을 위해 다른 속성을 희생한다.
- 지키려고 노력한다.
- 다른 속성을 위해 이 속성을 희생한다.

예를 들어, 상호운영성보다 유용성을 우선하려면, 유용성을 위해 다른 속성을 희생해야 한다. 그와 동시에 상호운영성은 지키도록 노력할 것이다.

요구와 속성을 포착하는 데 편리하고, 단순하며, 비용 대비 효과가 좋은 도구는 종이 카드다. 카드는 팀 공동작업에도 도움되고, 메모하기도 쉽고, 고치기도 쉽다. 카드는 그룹별로 묶을 수도 있고, 벽에 붙일 수도 있고, 갖고 다닐 수도 있다.

비전 수립 작업이 끝나면, 카드를 큰 종이에 풀로 붙여 팀 작업 공간에 걸어놓고, 프로젝트 온라인 공간에 사본을 올려놓을 수 있다.

비전 탄생

많은 제품의 초창기에는 전설과 신화가 있지만, 아이디어를 고안하고 이를 비전으로 진화시키는 완벽한 공식은 없다. 다만 여기서는 새로운 제품 비전을 발전시키는 두 가지 방법으로, 펫 프로젝트와 스크럼에 대해 설명하겠다. 무슨 일을 하든, 비전수립 작업은 최소로 하고, 첫 번째 제품 증가분을 고객과 사용자에게 시연해 보이거나 신속하게 릴리스해야 한다. 목표가 제대로 잡혔는지 알아보기 위해서는 반응에 귀 기울여야 한다. 그리고 받아들일 것은 받아들인다. 비전 수립 작업에 너무 많은 통제나 절차를 부여하지 말아야 한다. 그렇지 않으면, 직원들이 혁신적인 사고를 하기보다는 문서 작성에 시간을 보내므로, 혁신과 창의성이 터져 나오다가도 끊어진다.

펫 프로젝트 활용

구글 같은 회사는 개발자들이 '펫 프로젝트pet projects'에 20%의 시간을 사용하도록 권장한다. 이와 같은 개인 연구 프로젝트는 새로운 아이디어를 프로토타입으로 구현할 수 있게 해주고, 그 결과 구글의 투자가 옳다는 것을 보여준다. 2005년 하반기 구글이 릴리스한 모든 제품의 절반이 펫 프로젝트로부터 시작됐다는 연구 결과도 있다.[52] 아이디어를 처음 생각해낸 개발자가 프로젝트 작업을 통해 아이디어를 제품으로 완성한 예도 있다. 바로 구글의 크롬 브라우저다. 첫 프로토타입을 생각해낸 엔지니어 벤 구저와 대린 피셔는 크롬 개발 프로젝트에서 중요한 역

할을 했다.[9][48] 켄 슈와버는 새로운 아이디어를 발전시키는 이와 같은 방법에 찬성했다.[13]

> 회사에 이익되는 활동을 위해 현재 진행하는 스크럼 팀 밖에서, 모든 직원이 시간의 일부를 어느 정도 따로 떼어놓기를 권장한다. 직원 시간 중 약 20%를 할당하는 것이 좋겠다. 직원들이 서로 함께 일할 수 있는 관심 그룹에 속하도록 한다. 기능적인 전문성을 유지하고 강화하기 위해 동료와 함께 일할 수 있도록, 따로 떼어놓은 시간 중의 일부를 사용할 수도 있다. 새로운 아이디어를 찾거나 프로토타입을 만드는 작업을 할 수도 있다. 3M의 포스트잇이나 구글의 지메일이 이런 방법으로 탄생했다.

스크럼 활용

비전을 생성하는 데 더 많은 노력이 필요하다면, 스크럼을 활용하라. 제품 책임자가 팀을 이끌고, 제품 책임자, 스크럼마스터, 팀 모두 함께 비전 수립 활동을 진행시켜라. 처음 제품 백로그에는 '사용자 인터페이스 설계 선택사양을 살펴볼 프로토타입 작성'과 '고객 인터뷰 수행'과 같이 실행 가능한 비전 관련 활동이 담긴다. 작업이 진행되면서, 제품 백로그는 제품 비전에 따라 미래의 제품을 정의하는 상위 수준 속성을 포함한다. 여러 비전 수립 스프린트를 통해, 제품 비전에서 최종적으로 출시 가능한 제품으로 향하는 단계를 이뤄줄 증가분을 만든다. 물론, 비전 수립 스프린트가 한 번만 필요하다면, 그 결과물이 제품 비전이다. 영국에 위치한 게임 개발 회사인 수퍼매시브게임 사를 예로 살펴보자. 회사는 '시작품'이라 부르는 초기 개발 작업을 관리하기 위해 비전 수립 스프린트를 활용한다. 팀은 컴퓨터 게임의 비전을 만들기 위해 반복적으로 스케치하고 프로토타입을 만든다. 프

9 구글 브라우저 프로젝트는 제품 관리자인 브라이언 라코스키가 주도했다.[48]

로토타입은 레고 모델과 개념 작업에서부터 소프트웨어까지 다양하다.[10]

비전 수립을 수행하는 스크럼 팀은 몇 가지 예외를 제외하고는 대부분 개발 작업도 수행한다. 어떤 경우에는, 사용자 경험 설계자나 서비스 전문가를 비전 수립 스프린트를 위한 팀의 일원으로 참여시킬 수도 있다. 비전이 만들어지면, 그 전문가는 팀을 떠나 다시 이해당사자로 머물 수도 있다.

비전 생성 기법

제품 비전을 만드는 데 도움되는 기법이 있다. 그렇다고 이해를 시키거나 그 기법을 깊게 다루지는 않을 것이다. 대신, 이 부분은 기법이 프로젝트에 적용 가능한지를 판단할 수 있도록 충분한 정보를 제공하는 것이 목적이다. 기법에는 프로토타입과 실물모형, 페르소나와 시나리오, 유스케이스와 사용자 스토리, 순서도와 스토리보드, 비전 상자와 검토, 그리고 카노 모델Kano Model 등이 있다.

프로토타입과 실물모형

새로운 프로젝트를 시작할 때, 종종 사람들은 자신이 무엇을 모르는지조차 잘 모른다. 설상가상으로, 목표 고객이나 앞서가는 사용자도 가끔 자신들이 무엇을 모르는지 모른다. 이들도 제품이 어떤 모양새를 갖춰야 하고, 어떤 기능을 해야 하는지를 정확하게 이야기해줄 수 있는 위치에 있지도 않다. 따라서 비전 생성을 발견 과정으로 이해하는 것이 최선이다. 발견이라는 과정은 지식 습득과 실험이 필요한 학습 과정이다. 실험을 통해 원인과 결과간 상관관계를 살펴보고, 원하는

10 2009년 10월 21일과 2009년 11월 2일에 수퍼매시브게임 사 스튜디오 이사인 하비 휘튼과의 사적 대화 내용 중

결과를 얻을 때까지 계속 원인을 조정한다. 이 방법은 엄격한 과정을 따라야 하지만, 그만큼 탐구심 많고 장난기 있는 열린 마음을 기르는 것이기도 하다. 프로토타입과 실물모형을 만들고 검증하면서 신속하게 필요한 지식을 생성해 내는 것이 효과적인 실험을 하는 열쇠다. 프로토타입과 실물모형은 지식 생성과 학습 도구 역할을 한다. 이를 통해 제품이 대략적으로 어떤 모양새를 갖추고, 어떤 기능을 해야 하는지, 어떤 기술과 아키텍처를 사용할 수 있는지, 더불어 아이디어가 실제로 타당한지를 파악한다. 프로토타입은 주로 적은 비용으로 재빨리 만들어서 그냥 쓰고 버리는 산출물이다. 가끔은 종이 프로토타입과 스케치만으로도 아이디어를 충분히 검증해볼 수 있다. 특정 이슈를 다루는, 실행 가능한 프로토타입을 스파이크Spike라고 한다.

예를 들어, 한 통신 프로젝트에서는 힘겨운 사용성 요구사항을 충족시켜야 했다. 시장 조사 결과, 그 회사 제품은 경쟁사 제품보다 사용자 편의성이 부족했다. 다라서 팀은 장비 실물모형과 중요한 사용자 인터페이스 부분만을 한 번 쓰고 버릴 수 있게 플래시Flash로 프로토타입을 구축했다. 프로토타입을 테스트하기 위해 고객을 초대했고, 고객으로부터 받은 피드백을 제품 설계에 반영하자, 훌륭한 사용자 경험을 가진 새로운 제품이 탄생했다.

계획하고, 실행하고, 확인하고, 행동하라

계획된 실험은 데밍 주기라고 알려진 4단계 과정을 따른다. 먼저 가설을 세운다(계획). 그러고 나서 그 가설을 검증하고(실행), 그 결과를 검토한다(확인). 실험이 성공적이지 못했다면, 필요할 경우 가설을 변경하고, 결과를 개선하거나 다른 방법을 시도해보기 위해 또 다시 실험을 한다(행동). 처음으로 전구를 발명해 상용화에 성공한

토마스 에디슨은 새로운 제품에 생명을 불어넣기 위해서는 시도하고 잘못하고 또한 실패해야 하는 필요성을 잘 알고 있었다. 그가 한 유명한 말이다.

> 내가 1만 가지 잘못된 방법을 발견하더라도, 아직 실패한 것은 아니다. 나는 낙담하지 않는다. 잘못으로 버려진 모든 시도는 앞으로 나아가기 위한 또 다른 발걸음이기 때문이다.

페르소나와 시나리오

페르소나persona는 목표로 삼을 고객 선정에 도움을 준다. 시나리오는 제품이 고객의 삶을 어떻게 변화시킬지를 이해시켜 준다.[16] 페르소나는 대상 고객이나 사용자를 나타내는 가상의 원형이다. 어떤 사람을 유스케이스의 액터나 사용자 역할의 대표적인 실례로 생각해볼 수 있다. 페르소나에는 이름이 있으며 역할, 기술, 관심사와 같이 제품 사용에 관련된 정보가 담겨있다.

알맞은 페르소나를 발견하면, 개발하려는 그 제품이 페르소나의 삶에 어떤 영향을 미칠지 조사할 수 있다. 이를 위해 페르소나가 제품을 이용하지 않고 목표를 달성하는 방법과 그 제품을 사용해 목표에 도달하는 방법을 설명하는 두 시나리오를 만든다. 단순한 서술이 아닌 시나리오를 만드는 다소 형식적인 방법으로, 두 개의 소비지도를 생성할 수도 있다. 하나는 제품 없이 특정 목표를 실현하는 데 필요한 활동 지도고, 다른 하나는 제품을 활용했을 때 필요한 활동 지도다.[6] 시나리오와 소비지도를 활용하면 제품의 가치 제안을 수립하는 데 도움이 된다. 선택한 속성이 필요한 것인가? 모든 페르소나에게 혜택이 돌아가는가? 지금보다 더 중요한 제품 속성을 발견할 수 있는가?

비전 상자와 업계 잡지 검토

제품 부가가치와 상품 판매 주안점을 결정하는 데 효과적인 두 가지 방법에는 제품 비전 상자와 업계 잡지 검토가 있다. 비전 상자는 제품을 발송하기 위한 포장재 실물모형이다. 비전 상자를 만들기 위해 스크럼 팀은 제품명, 그래픽, 상품판매의 세 가지 주안점을 정하고, 그 정보를 상자 앞면에 부착한다. 좀더 자세한 설명은 상자 뒷면에 추가할 수 있다.[22] 업계 잡지에 올릴 상품평을 작성하기 위해 제품을 출시했을 때 그 제품에 관해 스크럼 팀 구성원이 읽고 싶은 내용을 작성하면 된다.[1] 이 방법은 쉽고 빠르게 시도해볼 수 있고, 서로가 이해하고 공유할 수 있는 비전이 있는지 검증하는 데 사용할 수도 있다.

카노 모델

카노 모델은 매력적인 상품을 만들기 위해 올바른 기능을 선정할 때 도움된다.[42] 이 모델은 우리가 상품의 특정 속성을 구현했을 때 고객이 얼마나 만족할지를 알려준다. 이 모델은 기능을 기본 기능, 성능 기능, 감동 기능과 같이 세 가지 유형으로 구분한다. 휴대폰을 예로 들어 카노 모델을 이해해보자. 휴대폰의 기본 기능에는 전원을 켜거나 끄는 기능, 전화를 걸거나 받는 기능, 문자를 작성, 전달, 수신, 읽는 기능이 있다. 이 같은 기본 기능은 제품을 팔기 위해서는 필수지만 고객 만족도는 빨리 사라진다. 휴대폰 전원을 켜기 위해 버튼을 새로 하나 추가한다고 가치가 더해지는 것이 아니기 때문이다. 하지만 기본적인 기능을 제공하지 못하면 제품은 필요없는 물건이 된다. 성능 기능은 만족도를 지속적으로 증가시킨다. 이 같은 기능은 '다다익선'을 원칙으로 한다. 휴대폰이 가벼울수록 제품 기동이 빨라지고, 그럴수록 고객 만족도는 높아진다. 고객의 기능적 요구사항은 끝이 없지만 시장에서 그 제품을 차별화하기에는 충분하지 않다. 감동 기능은 말대로 고객에게 기쁨과 감동을 준다. 매력적인 제품 설계와 나만의 휴대폰을 설정하는 기능 등은 감동을 줄 수 있다. 감동 기능은 고객이 인식하지 못하는, 잠재된 요구와 관련 있다. 이 기능이 바로 경쟁우위와 독자적 상품판매 주안점이 되는 제품 기능인 것이다.

기본 속성, 성능 속성, 그리고 감동 속성을 모두 엮어, 바라던 이점을 극대화시키는 일은 매우 도전적인 과제다. 이때 카노 모델을 제품 비전과 제품 백로그에 적용하면 도움을 받을 수 있다. 2장 시작부분에 언급했던 사운드스테이션의 비전과 마찬가지로, 비전은 주로 성능 속성과 감동 속성에 중점을 두고, 기본 속성에 관해서는 거의 언급하지 않는다. 기본 속성 관련 내용은 제품 백로그에서 찾아볼 수 있다. 카노 모델은, 시간이 지날수록 감동 기능은 점차 성능 기능이 되고, 성능 기능은 기본 기능이 된다는 흥미로운 예측을 한다. 경쟁제품이 유사한 제품을 내놓기 시작하면 결국 해당 제품은 경쟁우위를 잃어버린다. 계속 앞서 가려면, 기업은 주기적으로 제품을 개선하고, 감동을 주는 새 기능을 제공해야 한다. 이런 현상이 바로 첫 제품을 신속하게 출시하고 주기적인 개선을 통해 발전시켜야 하는 또 다른 이유다.

비전과 제품 로드맵

지금까지 2장에서는 새 제품의 비전을 그리는 데 중점을 뒀다. 비전을 생성하는 일은 특히 어렵다. 제품이 발전해가고 점진적으로 개선사항을 릴리스함에 따라, 비전에 관련된 업무는 대부분 감소하지만, 제품의 새 버전에는 여전히 목표가 필요하다. 제품 로드맵은 스크럼 팀이 제품의 향후 버전에 대한 목표를 파악하는 데 필요하다. 비전 생성은 제품 로드맵을 만들고 개선하는 일의 일부다.

제품 로드맵은 제품이 다양한 버전을 통해 어떻게 발전하는지를 보여주는 계획 수립 산출물로, 스크럼 팀과 이해당사자 간 대화를 촉진시킨다. 로드맵은 제품 라인이나 제품 포트폴리오같이, 관련된 제품 개발 및 출시를 조정하는 데 도움을 준다. 개인적으로는, 로드맵을 필수 요소에만 중점을 두고 단순하게 유지할 것을 권장한다. 제품 로드맵은 각 버전의 예상 출시일, 대상 고객, 고객 요구, 그리고 3~5가지의 상위 피처를 나타내야 한다. 세부 사항에 대해서는 걱정할 필요 없다. 차후에 나타날 때 제품 백로그에 포함시키면 된다. 제품 로드맵이 시장 반응을 세밀하게 조사하고, 그에 따라 제품을 수정하는 일을 대체할 수는 없다. 제품 로드맵은 단순히 현재 우리가 이해한 시장 상황에 바탕을 두고, 제품이 어떻게 발전할 것인지를 나타낸 것이다. 제품 로드맵은 지속적으로 발전하고 변화하는, 살아있는 문서다.

제품을 시장에 성공적으로 출시하고 난 후 제품 로드맵을 작성한다. (릴리스하기 전에 5년간의 제품 로드맵을 만드는 것은 의미가 없다. 그 로드맵은 현실을 예측했다기보다는 상상을 형상화한 것이다.) 제품 로드맵을 작성할 때는 연관된 사람 모두 참여시켜야 한다. 스크럼 팀을 참여시키고, 제품 포트폴리오 담당자도 참여시키고, 다른 제품 개발 팀의 대표와 이해당사자도 참여시킨다. 제품 로드맵에는 현실적인 시점까지 계획을 작성한다. 장기로 2년에서 3년간을 예측하기보다는, 시장과 제품 생명주기 단계에 따라 다음 6개월에서 12개월에 집중해야 한다.

최소한의 제품과 다양한 제품

제품이 발전하면서 각기 다른 분야와 지역에서 고객에게 서비스를 제공해야 하는 등 점점 늘어나는 고객 요구를 충족시켜야 할 수도 있다. 수많은 다양한 요구를 처리하고 나면, 최소한의 기능을 가진 제품 개선이 점점 더 어려워진다. 지속적으로 증가하는 고객과 사용자 지원을 위해 점차 더 많은 특성들이 필요하기 때문이다. 다양한 제품은 특정 고객층과 세분화된 시장을 대상으로 한다. 마이크로소프트의 비지오 프로그램을 예로 들어보자. 2007년 제품에는 비지오 스탠다드 2007과 비지오 프로페셔널 2007 두 제품이 있다. 스탠다드 버전이 기본 제품이라면, 프로페셔널 버전은 IT나 업무 사용자가 복잡한 정보, 시스템, 그리고 프로세스를 도표로 나타내고, 분석하고, 전달하도록 기본 버전을 확장한 버전이다.[11] 이 두 가지 제품은 각기 다른 시장을 대상으로 했다. 한정된 도표 작성 요구를 가진 개인 사용자나 기업 사용자용 제품과, 고급 도표작성 기능이 필요한 프로페셔널 사용자용 제품이다.

다양한 제품이 효과적인 협력자가 될 수도 있지만, 제품이 너무 다양하면 제품 포트폴리오가 커지고, 지원비용은 높아지며, 고객에게 선택의 부담을 줄 수 있다는 점을 기억하자. 마이크로소프트가 비지오 제품을 필수, 표준, 프로페셔널, 디럭스 등 4가지 제품으로 나눴다고 가정해보자. 고객은 너무 많은 선택으로 인해 혼란스러워하고, 구매결정을 내리기 어려울 것이다.[12]

여기에는 또 하나의 잠재적 문제점이 있다. 다양한 제품을 위해 같은 기능을 반복해서 구현하다 보니 개발과 유지비용이 높아질 수 있다. 제품에 자산을 공유시

---

11 http://office.microsoft.com 참조

12 1990년대 후반에 마이크로소프트는 비지오를 표준, 프로, 그리고 테크로 된 세 가지 형태로 제공했다. 그 이후 마이크로소프트는 포트폴리오를 오히려 간소화했다.

켜 이 문제를 해결할 수 있는데, 이와 같은 자산을 플랫폼이라 한다. 한 예로, 애플의 아이폰과 아이팟 터치는 공통 컴포넌트를 사용한다. 공통성에 대한 필요성을 인식하더라도 완벽한 거대 플랫폼을 구축하겠다는 욕망의 함정에 빠지지 말아야 한다. 시작은 작아야 한다. 다양한 제품에 대한 요구가 증가하면, 그 때 플랫폼을 체계적으로 발전시키고, 플랫폼 기능을 세심하게 주시해야 한다. 이 방법이 결과적으로 아키텍처를 리팩토링하는 형태로 나타날 확률이 높지만, 플랫폼이 과잉품질의 위험에 빠지는 것은 완화시켜준다.

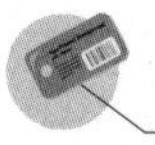

흔히 하는 실수

제품 비전을 만드는 것은 제품 출시를 위해 중요한 단계다. 비전이 없거나, 예언적 비전이거나, 분석의 늪에 빠지거나, 고객에 대해 자만하거나, 큰 것만을 추구하는 비전 수립에 관한 일반적인 오류를 조심해야 한다.

비전의 부재

매우 분명한 상황이지만, 놀랍게도 가장 흔히 하는 실수는 제품 비전 없이 제품 개발을 시작하는 것이다. 이런 일은 고객이 피처 간 연결성을 고려하지 않은 채 제품에 포함시킬 개별적인 피처를 요청할 때 가장 빈번하게 발생한다. 이런 제품을 피처 수프feature soup라고 한다.[19] 고객, 선정된 고객의 요구, 그리고 중요한 속성을 명확하게 명시한 비전을 만들어 그런 결과가 나오는 것을 방지해야 한다. 그 비전을 통해 어떤 피처를 구현할지 결정하는 데 도움받고, 유용하고 가치 있는 제품 개발을 보장받을 수 있다.

예언적 비전

비전이 미래 제품에 대한 그림을 그리는 것이라 하더라도, 구상한 그 미래가 절대 도래하지 않을 수도 있다. 비전을 제품으로 발전시키는 것은 실패 위험이 수반되는 사업적 결정이다. 엑스퍼트시티의 제품 비전이 어떻게 기대에 미치지 못하는 제품으로 변화했는지 기억하는가? 비전이 있더라도 실패할 수 있다. 하지만 엑스퍼트시티 사례처럼 실패가 성공으로 가는 디딤돌이 될 수도 있다. 어쨌든 성공적이지 못했던 첫 번째 릴리스에서 GoToMyPC가 탄생했다. 정확하지 않은 예측으로 인한 잠재적인 손실이나 피해를 최소화하기 위해서는 고객 요구를 한정해서 선정하고 제품 증가분을 신속하게 출시해야 한다. 그 이후에는 검사하고 조정해야 한다.

분석의 늪

앞에서 언급했듯이, 시장조사를 과도하게 하지 말고 분석의 늪이라는 함정에 빠지지 않아야 한다. 분석의 늪이란, 실질적인 진전 없이 계속해서 많은 조사업무만 수행하는 것을 말한다. 과도한 시장조사는 시간과 돈을 낭비할 뿐 아니라, 제때에 매력적인 제품을 출시할 수 없게 만드는 위험도 수반한다. 시장에 대한 이해나 고객에 대한 관심은 중요하다. 하지만 고객중심으로만 업무를 수행하고, 제품 형태나 기능에 대한 강력한 비전이 없다면 성공할 확률은 적다.

일반적으로 분석의 늪을 야기하는 원인은 안전장치가 있는 투자에 너무 많은 관심을 쏟기 때문이다. 이 같은 마음을 가진 기업은 실패에 관대하지 못하고 '처음부터 제대로' 해야 한다는 태도를 갖고 있다. 경영진은 비전을 승인하기도 전에 정확한 시장 점유율과 수익을 수치로 나타낸, 미래 제품 성능에 관한 정확한 예측을 요구한다. 비전 수립 작업을 최소한으로 하고 가능한 한 빨리 제품을 출시한 후, 신속하게 그 제품을 실제 시장 반응에 따라 조정한다면 분석의 늪에 빠지지 않을 수 있다.

고객에게 무엇이 좋은지는 우리가 가장 잘 안다

어떤 기업은 앞에서 언급한 내용과 완전히 반대로 진행하면서 시장에서 스스로를 고립시킨다. 이런 기업은 오로지 경영진의 직관력과 개발자의 탁월한 기술에만 의지한다. 또한 고객에게 무엇이 좋은지는 자신이 가장 잘 안다고 믿는다. 하지만 가장 큰 위험은, 기업이 누구도 원치 않는 제품을 개발하는 데 시간과 돈을 투자하는 것이다. 상아탑을 이루겠다는 야망을 방지하는 최선의 방법은 고객과 사용자를 스프린트 검토 회의에 초대하거나, 소프트웨어를 초기에 자주 출시하면서 개발 프로세스에 참여시키는 것이다.

큰 것이 아름답다

프레스턴 스미스와 도널드 라이넛슨은 수없이 많은 기능을 가진 제품을 개발하는 것은 좋은 기삿거리만 제공하는 것이라 했다.[25]

> 제품 개발에 관한 엄청난 성공 이야기에는 모두가 관심을 갖는다. 개발 팀은 불가능해 보이는 프로젝트를 향해 나아가고 초인적인 노력을 한다… 이런 프로젝트는 팬들을 열광시키는 장거리 패스 터치다운과도 같다. 그런 프로젝트가 한 번에 9미터 가는 러닝게임보다 훨씬 더 흥미롭기 때문이다.

흥미로울 수는 있지만, 빅뱅 형태의 개발 작업에는 어두운 측면이 있다. 엄청난 시간과 돈이 들고, 높은 실패율을 수반한다. "기업은 종종 첫날부터 모든 것을 제대로 바로잡아주는 완벽한 솔루션을 추구하려는 실수를 범한다. 그 결과, 제대로 작동하지도 않지만 너무 복잡하고 비싼 제품이 나온다."[38] 빅뱅 프로젝트는 제품 기능이 대부분 이미 정해졌기 때문에 고객과 사용자 피드백에 따라 제품을 향상시키기도 매우 어렵다.

한정된 고객 요구만을 충족시키고 필수적인 최소한의 기능만을 제공하는 제품을 개발함으로써 이런 실수를 없애야 한다. 고객과 사용자 피드백에 따라 발전시킬 수 있는 제품을 일찍 자주 릴리스해야 한다. 제품을 신속하게 출시하고, 시장반응을 살피고, 그 반응에 따라 제품을 조정하는 것이 최선이다.

성찰

스크럼 팀은 미래 제품에 대한 공동의 비전을 소유해야 한다. 이때, 비전은 단순하게 만들고, 앞으로 진행될 제품 버전에 중점을 둔다. 생각은 크게, 하지만 시작은 작게 한다. 고객과 사용자를 스프린트 검토 회의에 초대하고, 신속하게 제품의 증가분을 출시함으로써 비전을 검증한다. 고객과 사용자 피드백을 기초로 제품을 지속적으로 발전시킨다. 다음과 같은 질문은, 앞서 설명한 비전 개념을 적용하는 데 도움을 줄 것이다.

- 제품이 공동 목표를 따르는가?
- 그 목표는 어떻게 세웠고, 누가 정했는가?
- 2장에서 설명한 특징을 가진 비전을 만들기 위해 무엇이 필요한가?
- 그런 비전이 혁신 프로세스를 얼마나 향상시키겠는가?

3장 제품 백로그 활용하기

Agile Product Management with Scrum

스크럼에서 제품 백로그만큼 많이 활용되는 산출물은 거의 없다. 그리고 거기에는 분명히 이유가 있다. 그것은 제품 백로그가 매우 단순하기 때문이다. 제품 백로그는 제품에 생명을 불어넣는 데 필요한, 처리해야 할 업무가 우선순위대로 정해진 목록이다. 제품 백로그 아이템은 고객의 요구를 반영한 내용이나 다양한 기술 관련 옵션, 기능적 요구사항과 비기능적 요구사항에 대한 설명, 제품을 출시하는 데 필요한 업무는 물론, 환경을 설정하고 결함을 수정하는 등의 아이템도 포함할 수 있다. 제품 백로그는 시장과 제품 요구사항 명세서 같은, 전통적인 요구사항 산출물을 대신한다. 제품 책임자는 제품 백로그를 관리하는 책임을 지고, 스크럼마스터, 팀, 그리고 이해당사자는 제품 백로그에 기여한다. 모두 함께 제품의 기능을 발견하는 것이다.

3장에서는 제품 백로그와 이를 효과적으로 그루밍grooming[1]하는 기법에 대해 논의

---

1 그루밍(grooming)이라는 단어는 주위에서 쉽게 들어볼 수 있는 말이다. 특히, 고양이를 키우는 사람은 고양이 세수 또는 고양이 몸단장을 의미하는 그루밍이라는 말에 매우 친근함을 느낀다. 실제로는 고양이가 자신의 냄새를 없애고자 하는 본능적인 행동이라고 한다. 또한 그루밍족이라는 말도 점점 자주 들려온다. 패션과 미용 등 보이는 것에 투자를 하는 남자들을 일컫는 말이다. 점차 남자도 외모 가꾸는 데 많은 노력을 기울인다는 뜻이다.
이처럼 그루밍은 차림새나 몸단장과 같은 단순한 사전적인 의미에서, 사회적으로 확대 적용되는 용어다. 애자일 영역에서도 그루밍이라는 말을 사용한다. 특히 스크럼의 제품 백로그는 매우 중요한 의미를 갖기 때문에 제품 백로그에 대한 지속적인 관심과 세심한 보살핌이 필요하며, 스크럼에서는 이를 그루밍이라 한다. 즉 고양이가 하루를 준비하고, 그루밍족이 많은 돈을 들여 자신들의 외모를 관리하는 것처럼, 스크럼에서는 비전을 실현시킬 수 있는 중요한 수단인 제품 백로그를, 제품 책임자와 함께 스크럼 팀이 워크샵 등을 통해, 필요한 제품 백로그 아이템을 찾고, 정의하고, 우선순위를 정하고, 분해하고, 정제하고, 추가하는 일련의 과정을 그루밍이라 한다. – 옮긴이

하겠다. 또한, 비기능적 요구사항을 처리하는 방법과 대규모 프로젝트를 위한 제품 백로그 확장법과 같이 좀더 복잡한 제품 백로그 애플리케이션도 몇 가지 살펴보겠다.

제품 백로그의 특성 - DEEP

제품 백로그에는 네 가지 특성이 있다. 적절한 수준에서 세부적이고, 추정적이고, 창발적이며, 우선순위가 정해져 있다. 이를 DEEP(Detailed appropriately, Estimated, Emergent, Prioritized)[2]이라 한다. 이 네 가지 특성을 좀더 자세히 살펴보자.

적절한 수준에서 세부적으로 기술

제품 백로그 아이템은 그림 3.1에 나타난 것처럼 적절한 수준에서 세부적으로 표현한다. 우선순위가 높은 아이템은 우선순위가 낮은 아이템보다 더 자세하게 기술한다. 슈와버와 비들은 "우선순위가 낮을수록, 세부사항은 백로그 아이템을 겨

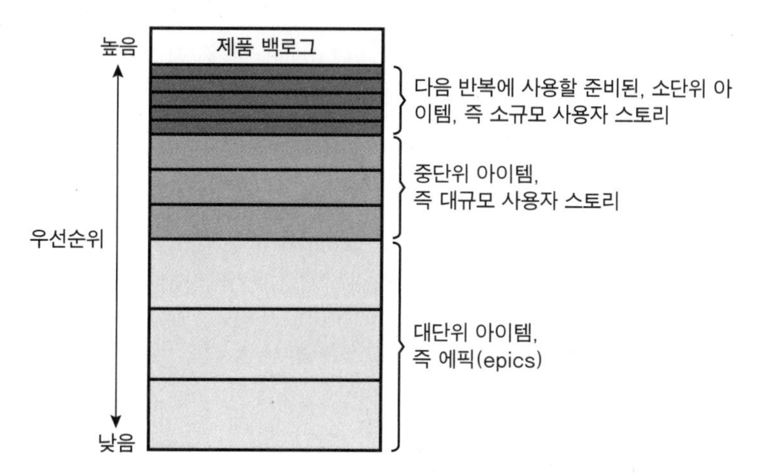

그림 3.1 제품 백로그의 우선순위가 세부사항의 수준을 정한다.

---

2 마이크 콘이 만든 두문자어 DEEP를 빌려왔다.

우 이해할 수 있을 정도다."라고 했다.[12] 이런 기이드라인을 따라 백로그를 간결하게 만들고, 차기 스프린트에서 구현할 확률이 높은 아이템을 확실히 구현 가능하게 만든다. 이렇게 하면 전체 프로젝트 기간 동안 요구사항을 발견하고, 분해하고, 개선할 수 있다.

추정

제품 백로그 아이템은 추정의 결과다. 추정은 큰 단위로 하며, 주로 스토리포인트나 이상적인 날짜로 표현한다. 아이템 크기를 알면 아이템 우선순위를 정하고 릴리스를 계획하는 데 도움된다. (태스크 수준의 상세한 추정은 스프린트 계획 수립 회의에서 실시한다. 태스크 및 태스크 추정은 스프린트 백로그에 정의한다.)

창발

제품 백로그에는 유기적인 특성이 있다. 자체적으로 진화하며, 그 내용도 자주 변한다. 새로운 아이템을 발견하면 고객과 사용자 피드백을 바탕으로 백로그에 추가한다. 기존 아이템은 지속적으로 수정하고, 우선순위를 재설정하고, 정제하고, 제거한다.

우선순위

제품 백로그의 모든 아이템에는 우선순위가 있다. 가장 중요하고 우선순위가 높은 아이템을 먼저 구현한다. 우선순위가 가장 높은 아이템은 그림 3.1에 나타난 것처럼, 제품 백로그의 맨 위에서 찾을 수 있다. 아이템이 완료되면, 제품 백로그에서 제거한다.

제품 백로그 그루밍

너무 오랫동안 내버려둬서 제멋대로 자라는 정원처럼, 제품 백로그도 방치하면 통제하기 힘들어진다. 백로그는 지속적인 관심과 보살핌이 필요하므로, 세심하게 관리하고 손질해야 한다. 제품 백로그를 그루밍하는 일은 지속적인 프로세스로, 다음에 열거된 단계로 구성된다. 하지만 모든 단계를 명시된 순서대로 실행할 필요는 없다.

- 새로운 아이템을 발견하고 기술하고, 기존 아이템은 필요에 따라 변경하거나 제거한다.
- 제품 백로그의 우선순위를 정한다. 가장 중요한 아이템이 제일 위에 올라간다.
- 높은 우선순위 아이템을 다가오는 스프린트 계획 수립 회의를 위해 준비한다. 그 말은, 그 아이템을 분해하고 정제한다는 의미다.
- 팀은 제품 백로그 아이템의 크기를 표시한다. 제품 백로그에 새로운 제품을 추가하고, 기존 아이템을 변경하고, 추정을 수정하려면 아이템 크기가 필요하다.

제품 백로그를 제대로 만들었는지 확인하는 일은 제품 책임자의 업무지만, 그루밍은 같이 하는 일이다. 아이템을 발견하고, 기술하고, 우선순위를 정하고, 분해하고, 정제하는 일은 스크럼 팀 전체가 한다. 스크럼은 그루밍 활동에 팀 가용성을 최대 10%까지 할당한다[13]. 필요하다면 이해당사자도 참여한다. 요구사항은 더 이상 팀에게 전달되기만 하는 것이 아니라, 팀 구성원이 함께 작성하는 것이다. 제품 책임자, 스크럼마스터, 팀은 문서를 통해 의사소통하는 것이 아니라 서로 얼굴을 맞대고 대화한다.

제품 백로그를 함께 그루밍하는 일은 재미있고 효과적이다. 그 일을 통해 스크럼 팀 내에서는 물론, 팀과 이해당사자 사이에 대화가 형성된다. '업무 전문가'와 '기술 전문가' 간의 경계를 없애고, 일 떠넘기기 같은 낭비도 없애준다. 제품 백로그는 요구사항을 더 명확하게 해주며, 스크럼 팀이 보유한 지식과 창조력을 활용하게 해주고, 참여와 공동소유도 가능하게 해준다.

어떤 팀은 일일 스크럼회의 후에 조금씩 그루밍하는 것을 좋아하고, 어떤 팀은 주 단위로 그루밍 시간을 갖거나 스프린트 마지막에 오랜 시간에 걸쳐 하는 그루밍 워크샵을 선호하기도 한다. 스크럼 팀과 이해당사자가 향후 방향에 대해 논의하는 스프린트 검토 회의에서 그루밍 활동을 하기도 한다. 이때 새로운 백로그 아이템을 찾고, 오래된 아이템은 제거한다. 그루밍 활동을 제대로 수행하기 위해서는 그루밍 프로세스를 확립해야 한다. 예를 들어 주중 그루밍 워크샵으로 업무를 시작하는 것처럼 먼저 프로세스를 확립하라. 제대로 그루밍한 백로그는 성공적인 스프린트 계획 수립 회의를 위한 전제조건이다.

종이카드는 제품 백로그 그루밍에 유용한 훌륭한 도구다. 종이카드는 저렴하고 사용이 용이하며, 여럿이 함께 일하는 데 도움된다. 누구든지 카드를 집어 들고 아이디어를 써넣기만 하면 된다. 그렇게 만들어진 카드가 일관적이고 완벽한지 확인하기 위해 테이블 위나 벽에 그룹별로 분류해보는 것도 좋다. 그루밍 워크샵 전에 기존 요구사항을 종이카드에 인쇄하고, 그 카드에 있는 정보를 나중에 디지털 도구로 전환하는 것처럼, 카드와 스프레드시트 같은 디지털 제품 백로그 도구로 서로를 보완할 수도 있다.

이제 제품 백로그 아이템의 발견과 기술 단계부터 시작해서 네 단계의 그루밍 프로세스를 좀더 자세히 살펴보자.

아이템 발견과 기술

제품 백로그 아이템을 발견하고 기술하는 일은 지속적인 프로세스다. 처음부터 요구사항 명세서를 상세히 작성하는 데 익숙하다면, 스크럼은 근본적으로 다른 접근법을 권장한다는 것부터 인식해야 한다. 더 이상 요구사항을 초반부터 동결하지 않는다. 대신 프로젝트 전체 과정을 통해 발견하고 세부적으로 기술한다. 고객 요구와 그 요구를 어떻게 충족시킬지 이해할수록, 기존 요구사항이 변하거나 쓸모없어지고 새로운 요구사항이 나타난다. 따라서 스크럼에서는 제품 발견을 초기 개발 단계로만 국한시키지 않고, 프로젝트 전체 기간에 걸쳐 진행한다. 기존 제품 관리자에서 제품 책임자로 전환된 경우, 할 수 있는데도 모든 요구사항을 작성하지 않거나, 그 요구사항을 세부적으로 기술하지 않는 점을 어렵다고 생각하기도 한다.

아이템 발견

제품 백로그 아이템 발견은 제품 백로그를 채우는 일에서부터 시작된다. 가능하다면 이 일은 스크럼 팀과 이해당사자가 제품에 대한 아이디어나 제품 비전 또는 제품 로드맵을 시작점으로, 제품에 생명을 불어넣는 데 필요한 아이템을 다 함께 브레인스토밍하는 것이 최선이다. 제품 백로그를 채울 때, 가능한 모든 아이템을 다 생각해내려 할 필요는 없다. 백로그 작업을 할 때마다, 2장에서 설명한 대로, 제품에 생명을 불어넣는 데 필요한 최소한의 기능과 단순함에 초점을 맞춰야 한다. 프로젝트를 진행함에 따라, 더 많은 아이디어가 떠오르고, 백로그는 고객과 사용자 피드백에 따라 발전하기 때문이다. 지나치게 길고 복잡한 제품 백로그를 갖고 시작하면, 아이템에 집중하고 우선순위를 정하는 일만 어려워진다. 제품 백로그는 제품 아이디어나 비전을 활용한 업무 길잡이다. 중요한 것에만 집중하고 나머지에 대한 걱정은 하지 않는다. 지나치게 많은 세부사항을 빨리 추가하려는 유혹을 이겨내야 한다. 우선순위에 따라 아이템에 차례로 세부사항을 추가한다. 낮은 우선순위의 아이템은 큰 단위로 기술한다. 이 아이템은 우선순위가 변할 때까지 그 상태로 머문다(우선순위는 해당 아이템의 우선순위를 재조정하거나 높은 우선순위 아이템이 소진되면 변한다). 단, 제품 전체 특성을 대표하는 비기능적 요구사항은 이와 같은 법칙에서 예외다. 3장 후반부에서 설명하겠지만, 비기능적 요구사항은 초기부터 세부사항까지 포함시켜야 한다.

일단 첫 제품 백로그가 준비되면, 새로운 아이템을 발견할 기회가 많다. 새로운 아이템은 스크럼 팀이 제품 백로그 아이템의 우선순위를 정하고 작은 단위로 분해하는 그루밍 워크샵 중에 나타나기도 하고, 이해당사자가 피드백을 주는 스프린트 검토 회의에서 떠오르기도 하고, 릴리스된 제품 증가분에 관한 고객이나 사용자 의견에서 나오기도 한다.

요구사항이 백로그에 담길 때마다, 이와 관련된 고객 요구를 제대로 이해했는지 확인해야 한다. 즉 그 요구사항이 왜 필요하고 고객에게 어떤 이익이 되는지 물어봐야 한다. 요구사항을 그대로 제품 백로그에 복사한다면 일관성 없고 관리마저 불가능한 희망사항이 나열되므로, 무턱대고 복사하는 잘못은 하지 말아야 한다. 기존 요구사항은 우선 의심스러운 것으로 간주하고, 자산이 아닌 부채라고 생각해야 한다. 요구사항은 단순히 어느 시점에 필요할 것이라고 생각되는 제품 기능이나 특성을 설명한 것이다. 시장과 기술이 변하고, 스크럼 팀이 고객 요구를 어떻게 하면 가장 잘 충족시킬 수 있는지 더 많이 이해하면, 요구사항 또한 변하거나 아니면 아예 무용지물이 될 수도 있다.

아이템 기술

스크럼이 제품 백로그 아이템을 기술하는 방법을 정의하지는 않지만, 나는 사용자 스토리로 작업하는 것을 선호한다.[11] 이름이 암시하는 바와 같이, 사용자 스토리는 제품을 도입할 고객이나 사용자에 관한 이야기다. 사용자 스토리는 이름과 짧은 설명, 인수acceptance 기준을 포함하는데, 스토리를 완성하기 위해 필요한 조건이 기준이다. 스토리는 큰 단위로 기술하거나 세부적으로 기술할 수도 있다. 큰 단위로 기술한 것을 에픽epic이라 한다. 사용자 스토리를 작성하고, 분해하고, 다듬는 일은 상대적으로 쉬운 편이다. 물론, 요구사항을 기술하기 위해 다른 기법도 자유롭게 사용할 수 있다. 스토리를 사용하더라도, 제품 백로그 아이템을 모두 사용자 스토리로 기술할 필요는 없다. 예를 들어, 사용성 요구사항은 프로토타입이나 스케치로 표현하는 것이 가장 좋다.

제품 백로그 작업을 한다고 스크럼 팀이 다양한 사용자 역할, 워크플로우를 본뜬 사용자 스토리의 순서, 비즈니스 규칙을 나타낼 다이어그램, 복잡한 계산을 담고 있는 스프레드시트, 사용자 인터페이스 스케치, 스토리보드, 사용자 인터페이스 내비게이션 다이어그램, 그리고 사용자 인터페이스 프로토타입과 같은 유용한 산출물을 만들 수 없는 것은 아니다. 이와 같은 산출물은 제품 백로그를 대신하는 것이 아니라 그 내용을 자세히 설명하는 것이다. 제품 백로그를 간결하게 유지하기 위해, 스크럼 팀이 출시 가능한 제품을 향해 가는 데 도움될 산출물만 사용해야 한다.

백로그 구조 정하기

제품 백로그를 테마에 따라 서로 관련된 아이템을 그룹으로 묶으면 좋다. 테마는 제품 기능에 대한 묶음 역할을 한다. 테마는 백로그를 구조화하고, 우선순위화하는 일에 도움을 주며, 정보 접근을 쉽게 해준다. 예로, 휴대폰 테마에는 이메일, 달력, 음성 의사소통, 일정 관리가 있다. 보통 각 테마는 두 가지에서 다섯 가지의 대단위 요구사항을 담고 있다. 각 테마는 백로그 내용을 상세하게 기술하지 않고도, 제품에 생명을 불어넣기 위해 무엇이 필요한지 파악하는 데 충분한 정보를 제공한다. 테마는 제품 백로그 내에 계층구조를 만드는데, 이 계층구조는 개별 아이템과 더불어 그룹도 포함한다. 또한 테마는 에픽처럼 큰 규모의 요구사항과 스토리와 같은 세부적인 아이템을 구분하는 데 도움을 주며, 그 결과는 표 3.1에 일부 나타낸 제품 백로그 아이템을 말한다.

표 3.1 제품 백로그 샘플

테마	대단위 아이템	세부 아이템	노력
이메일	이메일 생성	기업 사용자인 나는 이메일 제목을 기입할 수 있기를 바란다.	1

표 3.1에 있는 테마는 대단위 아이템을 포함한다. 시간이 경과하면, 이 테마는 좀 더 세분화된 아이템으로 나뉜다. 팀이 아이템 규모를 추정하면 그 크기를 정할 수 있다. 코르크 보드, 화이트보드, 또는 사무실 벽에 종이카드를 적절히 정렬해 표 3.1에 있는 구조를 제품 백로그 도구와는 별개로 활용할 수도 있다.

제품 백로그의 우선순위 정하기

나는 의료 기기의 신제품 관리자에게 산적한 유스케이스의 우선순위를 정하라고 했던 날을 절대로 잊지 못한다. 그 관리자는 눈을 동그랗게 뜨며 나를 바라보고는 이렇게 말했다. "불가능한데요. 전부 우선순위가 높거든요."

우선순위를 정하기 위해서는 아이템이 얼마나 중요한지를 정해야 한다. 모든 아이템이 최우선순위에 있다면, 그 아이템은 모두 동일하게 중요한 것이다. 다시 말해 결국 우선순위를 정할 수 없으므로, 고객이 진정으로 원하는 것을 제공할 확률이 매우 적다는 것을 의미한다. 제품 백로그의 우선순위가 정해졌는지를 확인하는 것은 제품 책임자의 몫이다. 다른 그루밍 활동과 마찬가지로, 우선순위를 정하는 일은 스크럼 팀이 다 함께할 때 가장 효과적이다. 이는 팀 참여를 이끌어 내며, 팀이 가진 지식을 높여준다.

우선순위를 정하면 팀이 가장 중요한 아이템에 중점을 두고 업무를 수행하도록 방향을 잡고, 꾸준히 백로그 내용을 동결시킨다. 앞에서 말했듯이, 아이템의 우선순위에 따라 세부사항을 작성한다. 이로 인해 프로세스에는 융통성이 생기고, 우선순위가 낮은 아이템에 관한 의사결정을 미룰 수 있게 되면서, 스크럼 팀이 다른 옵션을 평가하고, 고객에게서 피드백을 받고, 지식을 습득하는 시간을 벌게 된다. 이는 궁극적으로 더 나은 의사결정과 제품으로 귀결된다.[3]

개별 제품 백로그 아이템은 매우 규모가 작아서 우선순위를 정하기가 어려울 수 있기 때문에, 테마의 우선순위를 먼저 정하는 것이 좋다. 이후에 테마에 속한 아이템이나, 필요하다면 여러 테마에 걸친 아이템의 우선순위를 정한다. 3장 나머지 부분은 제품 백로그의 우선순위를 정하기 위한 요소, 즉 가치, 지식, 불확실성, 위험, 릴리스, 종속성에 대한 설명이다.

가치

가치에 따라 우선순위를 정하는 것은 일반적이다. 가장 가치 있는 아이템을 먼저

3 결정을 내려야 할 때까지 의사결정을 미루는 것을 최종 결정 시점(last responsible moment)이라고도 한다.[5]

개발하고자 하는 것은 당연하다. 하지만 제품 백로그 아이템을 가치 있게 만드는 것은 무엇인가? 대답은 간단하다. 제품에 생명을 불어넣는 데 필요한 아이템이라면 가치 있는 아이템이다. 그렇지 않다면, 그 아이템은 가치 없는 아이템이므로, 해당 릴리스나 제품 버전에서 제외시킨다. 스크럼 팀이 그 아이템의 우선순위를 낮추거나 제품 백로그의 제일 아랫부분에 옮겨놓거나 아니면 아예 없애버리는 것이 더 나을 수도 있다. 아이템 제거는 제품 백로그를 간결하게 만들고 스크럼 팀이 집중하는 데 도움을 준다. 아이템이 향후 버전에 중요하다면 나중에 다시 나타날 것이다.

아이템을 릴리스에 포함시키기 전에, 그 아이템이 없어도 제품이 원하는 이점을 달성할 수 있는지 파악해야 한다. 이는 2장에서 설명한, 최소한의 기능을 구현한 단순한 제품을 개발하는 데 도움된다. 한 예로, 애플은 제품 성공에 해를 끼치지 않고도 복사하기와 붙여넣기 기능을 뺀 첫 번째와 두 번째 아이폰 버전을 출시했다. 그 아이템이 정말 필요한 것이라면 동일한 기능이지만 시간이나 노력을 덜 들이고 단위 비용을 줄일 대안이 있는지 살펴봐야 한다. 이 일이 식은죽 먹기처럼 들리겠지만, 팀은 숨겨진 가정으로 인해 제약을 받을 수도 있고, 관련된 모든 선택사항을 평가하는 것도 쉬운 일만은 아니다.

요구사항을 검토할 때, 새로운 사항만을 면밀히 검토하기보다 기존 요구사항도 다시 검토해야 한다. 스크럼 팀이 고객의 요구와 개발 중인 솔루션에 대한 이해를 더 잘할수록 더 나은 대안을 만들 수 있다. 잡초는 뽑고 관목은 잘라주는 정원사처럼, 단순하게 만들고, 가지치기하고, 질서를 만들기 위해 항상 노력해야 한다.

의심스러운 요구사항이 있다면 해당 릴리스에서 제외하고 재빨리 제품을 출시해야 한다. 구글이 세계 뉴스를 종합하는 애플리케이션인 구글 뉴스의 첫 버전을 개발했을 때 그랬다. 구글 개발팀은 뉴스를 날짜별로 걸러낼지, 아니면 장소별로 걸러낼지 합의를 볼 수 없었다. 그래서 구글은 두 가지 피처를 모두 제외한 채 제품을 출시하기로 결정했다. 제품이 출시된 후 바로 새로운 피처에 대한 요청이 들어오기 시작했다. 300명이 날짜별로 뉴스를 걸러달라고 요청한 반면, 단 3명만이 장소별로 걸러줄 것을 원했다. 이는 어떤 피처가 높은 우선순위를 갖는지 명확히 알려준 것이다. 구글이 두 가지 피처를 모두 탑재한 채 해당 제품을 출시했다면, 더 많은 돈과 시간이 들었을 것이고, 어느 피처가 더 중요한지 피드백을 받는 것도 어려웠을 것이다. 의도적으로 부족한 제품을 출시함으로써 구글은 신속하게 그 다음에 어떤 조치를 취해야 할지 알 수 있었다.

지식, 불확실성, 위험

"위험은 제품 혁신에 있어서 필수적인 특징이다. 프로젝트에 관련된 모든 의사결정은, 드러내놓고 결정하든 암시적으로 결정하든, 그 의사결정과 관련된 위험이 따르기 마련이다."라고 스미스와 메리트[34]가 말했다. 위험은 소프트웨어 개발에 있어서 본질적인 것이다. 어떤 제품도 위험부담 없이 만들어지지 않는다. 위험과 상관관계에 있는 것이 불확실성이다. 불확실할수록 프로젝트에 위험부담은 높아진다. 또한 불확실성은 지식의 부재로부터 야기된다. 무엇을 개발하고 어떻게 개발할지 아는 것이 적을수록, 불확실성은 높아진다. 그러므로 지식, 불확실성, 위험은 서로 상관관계에 놓여있다.

위험과 불확실성이 제품의 성공에 영향을 미치기 때문에, 확실하지 않고 위험한 아이템은 높은 우선순위에 있어야 한다. 그렇게 하면, 새로운 지식을 빠르게 생성하고, 불확실성을 제거하고, 위험을 줄일 수 있다. 예를 들어, 스크럼 팀이 사용자 인터페이스 디자인에 확신이 서지 않는 부분이 있다면 고객과 사용자 피드백을 수집해서 이와 관련된 디자인상의 모든 선택사항을 살펴보고 검증해야 한다. 외부에서 만든 데이터베이스 접근 기능을 사용할지 말지 고민 중이라면 데이터베이스 트랜잭션이 필요한 요구사항을 일찍 구현해서 다양한 선택사항을 평가할 수 있어야 한다. 위험은, 아직 정의하지 못한 빌드 프로세스나 떨어진 장소에 위치한 스크럼 팀과 같은, 기반 환경 내에 숨어있을 수도 있다.

불확실하고 위험한 아이템을 초기에 개발하면, 일찍부터 실패를 만들 수 있는 위험 기반 접근법이 가능해진다. 초기에 실패하면, 스크럼 팀은 아키텍처를 수정하거나 기술 선정을 달리하거나, 또는 팀 구성을 조정할 수 있는 여지가 있을 때 방향을 바꿀 수 있다. 전통적인 프로세스에 익숙한 개인이나 조직이라면, 개발 후반에 문제나 장애가 떠오르면 그 문제를 배움과 향상의 기회로 삼기보다는 나쁜 소식으로 대할 것이다. 이런 조직에서는 위험 기반 접근법을 받아들이기 어려울 수 있다.

릴리스 역량

4장에서 다시 논의하겠지만, 일찍 자주 릴리스하는 것은 소프트웨어를 고객이 사랑하는 제품으로 진화시키는 좋은 방법이다. 이 방법은 위험을 완화시키는 데 효과적이다. 스크럼 팀이 피처를 구현해야 할지, 구현한다면 어떻게 구현할지 확실하지 않을 때, 앞서 설명했던 구글 뉴스 사례와 같이, 일찍 릴리스하는 것이 그 질문에 대한 답이 될 수 있다.

제품 증가분을 일찍 자주 릴리스하는 능력은 제품 백로그의 우선순위를 정하는 일에 영향을 미친다. 릴리스마다 고객과 사용자로부터 유용하고 바람직한 피드백을 받아내는 기능을 포함시켜야 한다. 하나의 테마를 완전하게 구현할 필요가 없다. 일부만 구현해도 조기 릴리스로는 충분하다.

종속성

우리가 좋아하든 싫어하든, 제품 백로그 내에 종속성은 실제 존재한다. 예를 들면, 기능적 요구사항은 다른 기능적 요구사항은 물론, 비기능적 요구사항과도 의존적일 수 있다. 4장에서 심도 있게 다루겠지만, 여러 팀이 함께 작업하는 경우, 종속성은 우선순위를 정하는 일에도 영향을 끼친다. 다른 아이템이 의존하는 아이템을 먼저 구현해야 하기 때문에, 종속성은 제품 백로그의 우선순위를 정하는 자유를 제한하고 작업 추정에도 영향을 미친다. 따라서 가능할 때마다 종속성을 해결하도록 노력해야 한다.

종속성을 가진 여러 아이템을 하나의 큰 아이템으로 묶거나 그 아이템을 각기 다르게 나누는 방법이 사용자 스토리의 종속성을 처리하는 가장 일반적인 기법이다.[11] "사용자인 나는 문자 메시지 작성을 원한다."와 "사용자인 나는 이메일 작성을 원한다."라는 샘플 스토리 두 가지를 살펴보자. 두 가지 스토리가 문자를 처리하는 기능을 필요로 하기 때문에 서로 의존하고 있다. 문자 메시지 스토리를 먼저 구현한다면, 이메일 스토리에 관한 작업이 줄어들고, 이메일 스토리를 먼저 구현해도 문자 메시지 스토리에 관한 작업량이 줄어든다. 첫 번째 방법은 두 가지 스토리를 하나의 큰 스토리로 묶는 것이다. 하지만 그렇게 하면 거대한 복합 스토리가 나타나므로, 그다지 매력적인 방법은 아니다. 두 번째 방법은 요구사항을 다른 방법으로 잘라내는 것이다. 공통되는 기능을 추출해 "사용자인 나는 문자를 입력하고 싶다."라는 분리된 또 하나의 스토리로 만든다면, 처음 두 가지 스토리는 더 이상 서로에게 의존하지 않는다. 이렇게 하면, 개발 순서에 의해 추정이 영향을 받는 일은 더 이상 없다.

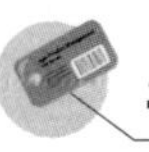

스프린트 계획 수립 준비

매번 스프린트 계획 수립 회의에 앞서 그 다음 스프린트에서 개발할 제품 백로그 아이템을 준비해야 한다. 그 준비 작업은 스프린트 목표를 정하는 일부터 시작한다.

스프린트 목표 정하기

스프린트 목표는 스프린트의 바람직한 결과를 요약한 것이다. 그 목표는 스크럼 팀이 성공적인 제품 출시를 향해 한걸음 가까이 가게 해준다. 나와 함께 일했던 프로젝트의 제품 책임자는 첫 번째 스프린트를 위한 목표를 다음과 같이 정했다. "큰 나무는 뿌리가 깊다." 이 목표는 나머지 프로젝트를 위해 토대를 닦는다는 스프린트의 목적을 멋지게 설명한 것이다. 좋은 스프린트 목표는 일반적이면서도 현실적이다. 그런 목표는 팀에게 어느 정도 활동의 폭을 주고, 팀이 모든 상위 제품 백로그 아이템에 전념하지 않을 때도 유효해야 한다. 모든 그루밍 활동과 마찬가지로, 팀은 목표를 정하는 데 반드시 참여해야 한다. 그렇게 해야 목표가 명확하고, 전체적인 참여를 이끌어 낼 수 있다.

스프린트 목표는 다음과 같은 장점이 있다.

- 목표는 제품 책임자와 스크럼마스터, 그리고 팀 사이를 조정해준다. 모두가 하나의 동일한 목표를 지향한다.
- 동일한 테마에서 아이템을 선택하는 것처럼, 목표는 해당 스프린트에서 개발할 요구사항의 유형을 제한함으로써 변화의 폭을 최소화한다. 이 방법은 밀접한 팀워크를 조성하고 속도를 높이는 데 도움을 준다.
- 팀이 무슨 작업을 하고 있는지에 대해 이해당사자에게 이야기하기가 수월해진다.

스프린트 목표를 정함에 따라 아이템의 우선순위를 높이거나 낮추는 등 제품 백로그의 우선순위를 조정할 수도 있다. 일관성 있는 스프린트 목표를 정하는 일과 아이템을 신속히 개발하는 일 사이에 균형을 유지해야 할 필요도 있다. 목표가 한번 정해지고 나면, 이와 관련된 모든 아이템을 제품 백로그의 윗부분에서 발견할 수 있어야 한다.

적시에 알맞은 수의 아이템 준비하기

스프린트 목표가 정해지고 나면, 스프린트를 적시에 끝내기 위해 알맞은 수의 아이템을 준비한다.[4] (3장 후반에, 좀더 멀리 내다봐야 할 대규모 프로젝트에 관한 설명을 했다.) 첫 번째 스프린트의 그루밍 활동은 두 번째 스프린트 아이템에 중점을 두고, 두 번째 스프린트의 그루밍 활동은 세 번째 스프린트 아이템에 중점을 두는 식이다. 이 방법에는 여러 가지 장점이 있다. 제품 백로그 아이템을 설명하는 데 필요한 시간과 돈을 최소화할 수 있고, 세부 아이템의 재고율도 낮출 수 있다. 필요한 것보다 많은 정보를 제공하는 것은 필요 이상의 낭비기 때문이다. 다음 스프린트에 선정될 아이템에 대해서만 세부사항을 정해야 하며, 이런 방법으로 제품 백로그를 적절히 발전시킬 수 있다.

스프린트 계획 수립 회의를 위해 아이템을 준비하려면 큰 규모의 제품 백로그 아이템을 하나의 스프린트에 맞는 크기로 작게 나누고, 그 아이템을 명확하고, 실현가능하며, 테스트 가능하도록 다듬어야 한다. 그림 3.2는 이 프로세스를 나타낸 것이다. 바로 설명하겠지만, 아이템을 분해하는 데 여러 번의 스프린트가 필요할 수도 있다.

4 적시라는 말과 알맞다는 말은, 콘이 그루밍 활동을 설명하는 데 처음으로 사용했다.[60]

몇 개 아이템을 준비해야 하는지는 팀 진척 속도와 원하는 아이템의 크기에 따라 달라진다. 팀 속도가 높으면 더 많은 아이템을 준비해야 한다. 팀에게 어느 정도 융통성을 주기 위해 몇 가지 아이템을 추가로 그루밍하는 것도 괜찮다. 특히, 추가 아이템은 스프린트 진행 속도가 기대했던 것보다 빠를 때 도움된다. 개인적으로는, 스프린트 기간과는 무관하게, 수일 내에 완료할 수 있는 소규모의 요구사항을 가지고 스프린트를 진행하는 것이 좋다고 생각한다.

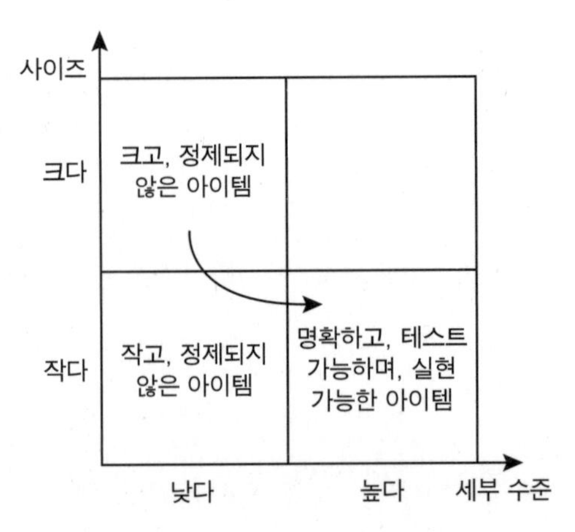

그림 3.2 제품 백로그 아이템 분해 및 정제

작은 단위의 아이템 준비는 해당 스프린트 내의 팀 진척도를 추적하는 일을 향상시키므로, 결과적으로 자기 조직화 또한 향상시켜준다. 팀의 진척상황은 남은 태스크에 따라서만 달라지는 것이 아니라, 새로 구현한 기능을 얼마나 테스트하고 문서화했는지에 따라서도 달라진다. 작게 쪼개진 요구사항은, 진행 중인 작업량을 줄여주고, 작업을 일부만 완료할 위험이나 스프린트 마지막에 결함을 만드는 일 또한 최소화시킨다. 게다가 소규모 아이템은 계획 기간 내에 스프린트를 종료시키는 데 도움된다. 큰 아이템은 많은 태스크를 포함하고 있어, 팀이 모든 태스크를 파악하지 못할 수도 있다.

아이템 분해

제품 백로그 아이템을 분해한다는 것은 아이템이 스프린트에 알맞은 크기가 될 때까지 좀더 작게 만드는 것을 의미한다. 점진적 요구사항 분해progressive requirements decomposition[30]라고 하는 이 프로세스는, 하나 이상의 스프린트에 걸쳐 진행될 수도 있다. 따라서 아이템이 크고 복잡하다면, 아이템을 구현하기 몇 번의 스프린트 전에, 제품 백로그 아이템을 분해해야 할 수도 있다. 그렇게 해야 아이템의 세부사항을 정하기 전에 고객과 사용자, 그리고 제3의 이해당사자로부터 필요한 피드백을 수집할 수 있기 때문이다. 사용자 스토리를 어떻게 하면 혁신적으로 분해할 수 있는지 살펴보자.

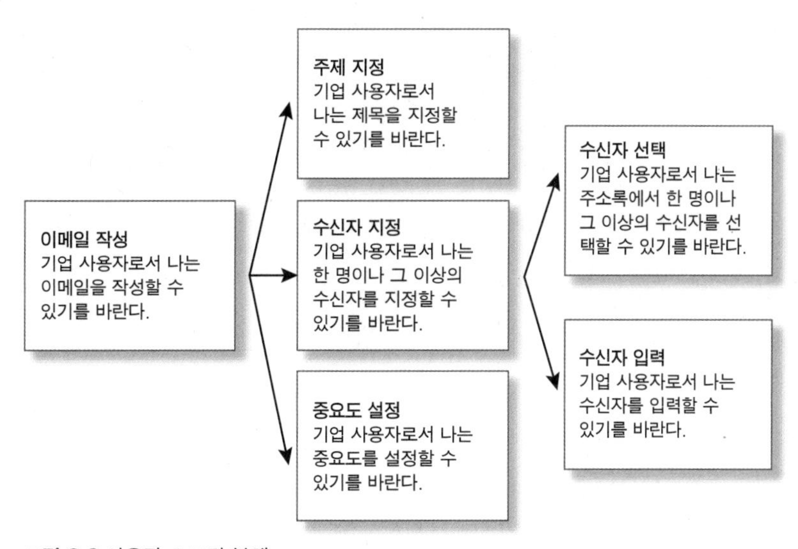

그림 3.3 사용자 스토리 분해

그림 3.3을 보면, 스크럼 팀은 원래 '이메일 작성'이라는 에픽을 제품 백로그에 포함시켰다. 하지만 하나의 스프린트 기간 중에 개발하기에는 너무 크고 모호해서, 몇 개의 사용자 스토리로 분해했다. 이어 '수신자 지정' 스토리를 다시 두 개의 더

작은 사용자 스토리로 분해시켰다. 스토리는 이제 한 스프린트에 알맞게 작아졌다. 이 에픽은 여러 목표를 가진 복합 스토리의 한 예다.[11] 스토리를 분해하기 위해 각 목표마다 독자적인 스토리를 도입했다. 즉 '이메일 작성'을 '주제 지정'와 '수신자 지정', 그리고 '중요도 설정'으로 분할했다.

복잡한 스토리나 큰 범위를 가진 스토리도 분해해야 한다. 복잡한 사용자 스토리란, 내재된 불확실성이나 지나치게 많은 기능을 포괄하려고 하다 보니 한 번의 스프린트 안에 개발하기에는 굉장히 큰 스토리를 말한다[11]. 매우 불확실하다면, 그 불확실함을 조사하고, 이와 관련된 지식을 생성할 하나 또는 그 이상의 아이템을 제품 백로그에 도입해야 한다. 예를 들어, 사용자 인터페이스 기술인 'JSF JavaServer Faces 조사'와 같은 아이템을 포함할 수 있다. 스토리가 너무 많은 기능을 설명한다면, 해당 기능을 점진적으로 개발할 수 있도록 여러 개의 스토리로 분해한다. 이와 같은 기법을 케익 자르기 slicing the cake[11]라고도 한다. 예를 들어, '사용자 인증'이라는 스토리는 '사용자 이름 인증'과 '패스워드 인증'으로 나눌 수 있다.

인수 기준을 고려하기 전까지는 스토리가 그런대로 괜찮아 보일 수도 있다. 인수 기준이 10개가 넘을 정도로 많거나, 요구사항이 기준 속에 숨겨져 있다면, 해당 스토리를 분해하거나 다시 정의해야 한다. "사용자로서 나는 문자를 지울 수 있기를 바란다."는 스토리를 살펴보자. 이 스토리의 인수 기준을 다음과 같다고 가정하자. "문자를 선택한다. 그 문자를 제거한다. 변경된 문자를 저장한다." 두 번째 조건은 중복이고, 나머지 두 가지도 해당 스토리의 인수 기준이라기보다는 새로운 요구사항을 포함하고 있다. 그러므로 스토리를 다음과 같이 세 개로 나눠야 한다. 문자를 지우는 스토리, 문자를 편집하는 스토리, 그리고 변경된 문자를 저장하는 스토리.

명확성, 테스트 가능성, 실현 가능성 확인

아이템이 충분히 작아지면, 그 아이템이 명확하고, 테스트 가능하며, 실현 가능한지 확인해야 한다.[5] 스크럼 팀 구성원 모두가 요구사항 의미를 이해하고 있다면, 그 요구사항은 명확한 것이라고 할 수 있다. 여럿이 모여 간단하고 간결한 형식으로 요구사항을 기술하고 백로그를 표현한다면 명확성을 더욱 높일 수 있다. 요구사항을 구현한 스프린트 내에서 요구사항 충족 여부를 알아보는 효과적인 방법이 있다면, 그 아이템은 테스트 가능한 것이다. 각 스토리가 테스트 가능하려면 스토리에는 인수 기준이 있어야 한다. 아이템이 실현 가능하다는 것은, 팀이 정한 완료 의미에 따라 한 번의 스프린트 내에서 아이템을 개발할 수 있다는 의미다(완료 의미는 5장에서 설명한다). 실현 가능성을 보장하기 위해서는 기능적, 비기능적 요구사항을 모두 포함해, 다른 아이템에 대한 종속성을 고려해야 한다. 예를 들어, 스토리가 사용자 인터페이스 요구사항으로 인한 제약을 받는다면, 그 결과로 나온 제품 증가분이 어떤 모습을 갖춰야 하는지 명확해야 한다. 그렇지 않다면 팀은 반드시 스토리를 구현하기 전에, 사용자 인터페이스 요구사항을 살펴봐야 한다. 아이템을 살펴보는 데 많은 노력을 들여야 한다면, 그런 조사작업을 다른 스프린트에서 해결해야 한다. 예를 들어, 사용자 인터페이스 디자인을 조사하기 위해, 만든 후 폐기할 프로토타입을 구현해 볼 수 있다.

---

5 빌 웨이크는, 스토리는 독립적이고, 협상 가능하며, 가치 있고, 추정 가능하며, 작고, 테스트 가능한 특성을 가져야 하며, 이를 INVEST(Independent, Negotiable, Valuable, Estimatable, Small, Testable) 기준이라고 명명했다[49]. 이중 종속성과 가치는 우선순위와 관련된다. 추정도 3장에서 언급했다. 협상 가능성은 사용자 스토리를 조정할 수 있는 능력을 말한다. 론 제프리가 주장하는 것처럼, 스토리는 고정적이고 성급한 요구사항이 아니라 대화를 위한 약속이다.

아이템 크기 조절

제품 백로그 아이템을 추정하면 아이템의 대략적인 크기와 개발에 필요한 노력을 파악할 수 있다. 이는 두 가지 이유에서 중요하다. 하나는, 우선순위를 정하는데 도움되기 때문이고, 다른 하나는 프로젝트 진척상황을 추적하고 예상하는 것이 가능해지기 때문이다. 스크럼에는 두 가지 특별한 추정이 있다. 제품 백로그 상에 아이템의 대략적인 크기를 나타내는 큰 수준의 추정과, 스프린트 백로그 상에서 태스크 크기를 주로 시간으로 표시하는 세부적인 추정이 있다. 여기서는 제품 백로그에 있는 아이템 크기를 정하는 것에 대해 설명하겠다. 새로운 아이템을 발견하거나, 기존 아이템을 변경하거나, 아이템 크기에 대한 생각이 달라지면 제품 백로그 아이템을 추정한다. 추정은 빠르고 적용하기 간편해야 한다. 내가 가장 좋아하는 추정 기법은 스토리포인트다.[6]

스토리포인트

스토리포인트는 작업 크기를 대략적으로 추정하는 큰 수준의 상대적 추정이다.[7] 스토리포인트 1점 가치의 아이템은 스토리포인트 2점을 가진 아이템의 절반 크기다. 3점 크기 아이템은 1점 크기 아이템과 2점 크기 아이템을 합한 만큼의 노력이 필요하다. 상대적 방법은 크기 그 자체가 상대적이라는 점에서 좋다. 크거나 작다는 의미는 우리가 어느 것을 기준으로 삼느냐에 따라 달라지기 때문이다. 예를 들면, 내 컴퓨터 마우스는 노트북 컴퓨터에 비하면 작지만 그 옆에 놓인 메모리 스틱에 비하면 크다. 일반적으로 사용되는 스토리포인트의 범위를 표 3.2에 열거하였다.

6 추정 기법에 대해 자세하고 포괄적인 설명을 위해서는 콘의 저서를 참조하기 바란다.[9]

7 4장에서 다시 설명하겠지만, 작업 노력과 시간은 별개로 표현한다.

표 3.2 일반적인 스토리포인트 범위

스토리포인트	티셔츠 사이즈	
0	공짜, 이미 구현된 아이템	
1	XS	매우 작음
2	S	작음
3	M	보통
5	L	큼
8	XL	매우 큼
13	XXL	매우 매우 큼
20	XXXL	특별히 아주 많이 큼

표 3.2의 불연속적인 숫자 순서는 팀의 의사결정 프로세스 속도를 높여준다. 연속적인 숫자를 사용했을 때 발생할 수 있는 '알맞은 값'에 관한 긴 논쟁 또한 방지할 수 있다. 상대적 추정이 올바르기만 하다면 팀은 더 큰 값으로 40과 100을 추가해서 표 3.2에 있는 범위를 확장할 수도 있다. 팀이 선택하는 범위가 무엇이든지 팀은 그 숫자 순서가 편해야 하고 지속적으로 사용할 수 있어야 한다. 스토리포인트가 상대적이고 임의적이다 보니, 스토리 의미와 범위에 모두 합의하지 않는 팀간에는 스토리포인트를 서로 비교할 수 없다.

포커 계획 수립

스토리포인트가 계획 수립에 좋은 수단이지만, 그것만으로는 충분하지 않고, 팀 기반으로 효과적인 추정을 가능하게 해주는 기법이 필요하다. 포커 계획 수립이 바로 그런 기법이다.[9] 포커 계획 수립을 할 때, 팀의 모든 구성원은 이미 합의한 스토리포인트 값을 가진 카드를 한 세트씩 받는다. 예를 들어, 표 3.2에 있는 범위를 사용한다면, 그 세트는 범위 내의 스토리포인트 하나씩을 표시한 8장의 카드다. 참여한 사람 모두에게 카드를 나눠주고 추정을 시작한다.

팀이 백로그 아이템 크기를 정하는 것이 처음이라면, 팀은 범위 안의 값이 그들에게 무슨 의미인지를 먼저 결정해야 한다. 이를 위해, 팀의 모든 구성원이 작다고 동의한 제품 백로그 아이템을 선정한 후, 그 아이템을 첫 번째 추정 아이템으로 사용한다. 또는, 가장 작은 아이템과, 가장 큰 아이템, 그리고 중간 크기 아이템을 선택한 후 차례로 추정한다. 팀이 그 범위에 익숙하다면, 우선순위가 가장 높은 아이템부터 시작해서 순차적으로 추정한다.

팀이 추정하기 전에, 제품 책임자는 팀 구성원들에게 그 아이템에 대해 설명하고, 팀 구성원은 아이템에 대한 완료 의미에 따라, 그 아이템을 개발할 단계에 대해 간략히 논의한다. 논의 후 팀의 각 구성원은 누가 그 아이템을 구현할지에 대해서는 어떤 가정도 하지 않은 상태에서 각자 아이템 크기를 정한다. 누가 구현할 지는 그 아이템과 관련한 일일 스크럼 회의가 있을 때까지 정하지 않는다. 팀의 각 구성원은, 추정할 아이템의 크기에 대해 각자가 생각하는 올바른 추정 카드를 하나 선택하고 테이블에 엎어놓는다. 모든 사람들이 카드 선택을 마치면, 카드를 모두 동시에 뒤집는다. 다른 추정이 있다면, 가장 다르게 추정한 두 사람의 구성원이 그 이유에 대해 간략히 설명한다. 그러고 나서 카드 게임을 한 번 더 한다. 각자 카드를 모두 한 세트로 모은 후, 다시 자신들이 한 추정과 가장 잘 맞아떨어지는 카드를 선택한다. 그 선택은 첫 번째 카드 게임에서 한 선택과 같을 수도, 다를 수도 있다. 이런 방식으로 모든 구성원이 추정에 관해 의견 일치를 볼 때까지 게임을 반복한다. 의사결정 규칙은 서로 간 합의가 이뤄져야 한다는 것이다. 팀 내 모든 구성원이 그 추정에 만족해야 한다. 팀이 2개 이상의 아이템을 추정하고 나면, 상대적 크기가 올바른지 확인하기 위해 새롭게 추정한 것을 기존 추정과 비교해 봐야 한다. 예를 들면, 동일한 크기를 가진 아이템끼리 묶어보는 것도 도움된다.

비기능적 요구사항 추정

성능이나 사용자 경험 요구사항과 같이 모든 기능적 요구사항에 적용되는 비기능적 요구사항은 대부분 단독으로 추정하지 않는다. 대신, 팀이 정한 완료라는 정의에 포함시킨다. 하지만 다양한 사용자 인터페이스 디자인을 살펴보거나 아키텍처 리팩토링을 수행하는 등 비기능적 요구사항을 구현하는 일에 집중해야 한다면, 관련 아이템을 제품 백로그에 포함시키고 팀이 크기를 정한다. 완료 정의에 비기능적 요구사항을 포함시킨다고 그 요구사항이 공짜로 얻어지는 것을 의미하는 것은 아니다. 오히려 그 반대다. 완료 정의가 팀 추정에 영향을 준다.

어느 정도 정확한 추정을 하기 위해서는, 세 가지가 필요하다. 팀은 아이템을 개발하는 데 필요한 것이 무엇인지 대략이라도 알아야 하며, 다른 아이템과의 종속성을 파악할 수 있어야 하고, 완료 정의도 준비해야 한다. 팀에 충분한 지식이 없어 아이템을 추정하기 어렵다면, '사용자 인터페이스 디자인 옵션을 조사하기 위한 프로토타입이나 실물 모형 작성'과 같은, 관련 지식을 생성할 수 있는 아이템을 백로그에 추가해야 한다.

제품 백로그 아이템 추정은, 제품 증가분을 생성하는 팀 구성원만 할 수 있다. 제품 책임자와 스크럼마스터는 (이들이 팀에서 업무를 수행하는 사람이거나 팀이 조언을 부탁하지 않는 한) 추정을 할 수도, 추정에 어떤 영향을 미칠 수도 없다. 하지만 제품 책임자는 반드시 회의에 참석해야 한다. 많은 제품 백로그 아이템이 대략적인 모습만 갖췄기 때문에, 제품 책임자가 아이템에 관해 명확하게 설명해줘야 한다.

고속 추정

팀이 포커 계획 수립을 활용할 시간마저 부족하다면, 다음과 같은 추정 기법을 고려해볼 수 있다. 회의실 한쪽 벽면을 여러 부분으로 나누고, 각 부분에 스토리포인트 범위에 있는 각기 다른 번호를 붙인다. 제품 백로그 아이템을 종이 카드에 인쇄해 붙이고 테이블 위에 놓는다. 각 팀 구성원이 카드를 하나씩 갖고, 추정을 한 후, 스토리 크기에 맞는 벽 부분에 카드를 붙인다. 이때, 추정을 마친 아이템이 동일한 그룹의 다른 아이템 크기와 일치하는지 확인한 후 붙이도록 한다. 같은 그룹에 속하지 않는 카드를 발견하면, 바로 그 카드를 알맞은 그룹으로 옮긴다. 이 방법을 통해 많은 백로그 아이템을 최소한의 노력으로 매우 신속하게 추정할 수 있다. 가장 큰 결점은 팀이 아이템 크기에 관해 서로 대화를 하지 않는다는 점이다. 그러다 보니 추정 품질은 포커 계획 수립을 통해 추정할 때 나온 결과와 비교하면 더 낮다.

비기능적 요구사항 처리

운영 요구사항과 시스템 품질, 그리고 제약과 같은 비기능적 요구사항은 소프트웨어 개발에 있어 미운 오리새끼다. 비기능적 요구사항이 성능, 안정성, 확장성, 사용성, 기술 및 법적 요건(예를 들면, 프로토콜 지원이나 인증 획득 능력) 같은 중요한 특성을 갖고 있는데도 자주 무시당한다. 비기능적 요구사항은 사용자 인터페이스 디자인, 아키텍처, 기술 선정 등에 영향을 주고, 총소유비용 제품의 기대수명에 영향을 끼친다. 여기에서는 스크럼에서의 비기능적 요구사항을 정의하고 관리하는 법에 관해 살펴보겠다.

비기능적 요구사항 정의

비기능적 요구사항은 제약이라고 정의할 수도 있다.[27] 그림 3.4에 나타난 성능 요구사항을 예로 들어 설명하겠다.

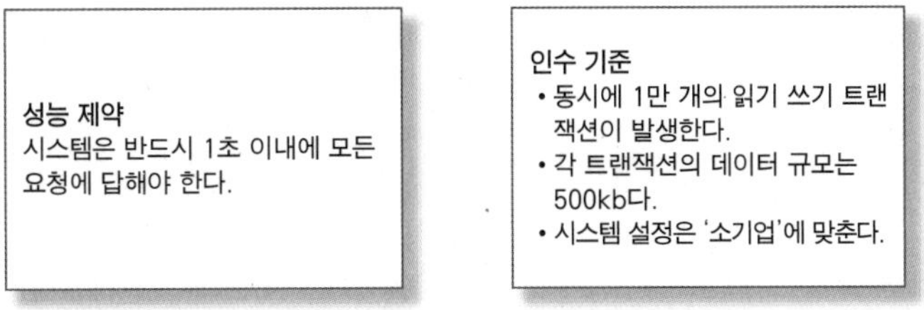

성능 제약
시스템은 반드시 1초 이내에 모든 요청에 답해야 한다.

인수 기준
- 동시에 1만 개의 읽기 쓰기 트랜잭션이 발생한다.
- 각 트랜잭션의 데이터 규모는 500kb다.
- 시스템 설정은 '소기업'에 맞춘다.

그림 3.4 제약으로 표현된 비기능적 요구사항

사용자 경험 관련 요구사항은 스케치, 스토리보드, 사용자 인터페이스 내비게이션 다이어그램, 프로토타입 등으로 잘 표현할 수 있다. 내 경험으로 볼 때, 팀은 텍스트 형태의 사용자 인터페이스 가이드라인보다는 이런 산출물을 선호한다.

비기능적 요구사항 관리

비기능적 요구사항을 관리할 때, 요구사항이 지엽적인 것인지 포괄적인 것인지 구별할 필요가 있다. 포괄적인 요구사항은 모든 기능적 요구사항과 연관이 있고, 주로 작은 그룹을 형성한다. 예를 들면, 그림 3.4에 나온 성능 제약이다. 포괄적인 비기능 요구사항은 초기부터 세부사항을 정해야 한다. 비전 생성이나 제품 백로그를 채울 때 정하는 것이 적절하다.

요구사항을 너무 늦게 발견하고 정의하면, 잘못된 선택을 야기할 수도 있고, 제품 성공에 부정적인 영향을 줄 수도 있다. 포괄적 비기능 요구사항은 표 3.3에 나타난 것처럼 제품 백로그의 독립된 아이템으로 정의할 수 있다.

표 3.3 비기능적 요구사항을 가진 샘플 제품 백로그

기능적 요구사항				비기능적 요구사항
테마	대단위 요구사항	세부 요구사항	노력	
이메일	이메일 생성	기업 사용자로서 나는 이메일 제목을 기입할 수 있기를 바란다.	1	제품은 반드시 1초 이내에 모든 요청에 답해야 한다.

완료 정의에 포괄적 비기능적 요구사항을 포함시키는 것이 때로는 도움된다. 결과적으로 모든 제품 증가분은 이와 같은 요구사항을 충족시켜야 하기 때문이다.

포괄적인 것과는 반대로, 특정 정보를 불러오는 기능에 대해서만 적용되는 비기능 요구사항처럼, 지엽적 비기능 요구사항은 특정 기능 요구사항에만 적용된다. 비기능 요구사항을 제약으로 표현한다면, 그 제약사항을 뉴커크와 마틴[27]과 콘[11]의 제안대로 단순히 스토리에 첨부할 수도 있다. 주석으로 제약사항을 스토리에 표현한다.

제품 백로그 확장

대규모 프로젝트는 새로운 문제를 일으킨다. 그중 하나는 제품 백로그를 어떻게 확장하느냐다. 일의 연속성을 위해서는 제품 백로그를 선택해서 그루밍 범위를 확장하고, 백로그에 팀의 관심 영역을 포함시킨다.

단일 제품 백로그 사용

대규모 스크럼 프로젝트 작업을 할 때마다, 제품에 생명을 불어넣는 작업을 포함하는 제품 백로그가 있는지 확인해야 한다. 제품 요구사항을 하위시스템이나 컴포넌트 요구사항으로 정의한 팀 또는 컴포넌트 중심 백로그는 피해야 한다. 이런

백로그는 제품 백로그에서 내용이 파생되기 때문에 과부하가 심해질 수 있다. 게다가 이들은 그루밍도 해야 하고 서로 조화도 이뤄야 한다. 1장에서 설명한 것처럼, 모든 팀이 직접 하나의 제품 백로그를 사용하고, 컴포넌트 팀보다는 피처 팀을 선호하는 편이 좋다. 크롬 브라우저 프로젝트에 참여했던 엔지니어 중 한 명인 다린 피셔는 대규모 프로젝트 작업을 하나의 제품 백로그로 수행하기 위해 구글이 어떻게 했는지에 대해 다음과 같이 설명했다. "요구사항에 관해 팀과 수많은 브레인스토밍 회의를 했고, 피처에 관한 이야기를 나눴다. 또한 사람들이 어떤 것이 좋을지 말할 수 있는 공개 메일 리스트도 구글에 만들었다. 피처를 아주 최소한으로 유지하려고 노력했다. 그러고는 전체 팀과 리스트를 공유했고 사람들이 어떤 피처에 관한 작업을 하고 싶은지 스스로 선택하곤 했다."[8]

그루밍 범위 확장

대규모 스크럼 프로젝트에서도 적시에 제품 백로그 아이템을 분해하고 정제하는 것은 동일하다. 다만, 그루밍 범위는 달라진다. 4장에서 설명하겠지만, 대규모 프로젝트에서는 차기 스프린트에 초점을 맞추기보다는, 제품 백로그를 준비할 때 다음 두 번에서 세 번까지의 스프린트를 내다본다. 결과적으로 대규모 스크럼 프로젝트에서는 소규모 프로젝트보다 세부적인 제품 백로그 아이템 목록이 훨씬 많다.

독립 백로그 뷰 제공

피처 팀이 많은 대규모 애자일 프로젝트라면 제품 백로그에 독립적인 뷰[view]를 갖는 것이 도움된다.[1] 예를 들어, 피처 팀이 다음 몇 번의 스프린트에 걸쳐 '일정 관

8 2008년 10월 1일 서치소프트웨어퀄러티(SearchSoftwareQuality.com)의 콜린 프라이가 다린 피셔와 한 인터뷰

리'라는 테마에 관한 작업을 한다면, 백로그에 관한 팀의 뷰는 그와 연관된 백로그 하위 부분으로 구성된다. 뷰는 여러 제품 책임자와 동일한 제품 백로그 작업을 하는 모든 팀 사이에서 일어날 수 있는 갈등을 방지한다.

흔히 하는 실수

제품 백로그가 비록 매우 간단한 도구이긴 하지만, 제대로 사용하기가 쉽지 않다. 백로그 모양을 한 요구사항 명세, 산타에게 보내는 희망사항, 팀에게 요구사항 강요하기, 제품 백로그 그루밍 무시하기, 팀에게 한꺼번에 여러 개의 백로그 제공하기 등 흔히 하는 실수에 주의해야 한다.

제품 백로그를 가장한 요구사항 명세

제품 백로그 모양새를 가진 요구사항 명세는 변장한 악마와 같다. 보기에는 깔끔하고, 모양새 좋고, 완벽하다. 그런 명세는 모든 요구사항을 먼저 알아야 하는 사람들의 오래된 욕망에 부합하기 때문에 더 매력적이다. 하지만 거기에는 어두운 면이 숨겨져 있다. 지나치게 세부적이고 상세한 제품 백로그는 요구사항이 제대로 나타나는 것을 허용하지 않는다. 요구사항을 유동적이고 단기적인 것으로 보기보다는 확실하고 확정된 것으로 보기 때문에, 초기에 고객 요구를 어떻게 충족시킬지에 관한 모든 의사결정을 동결시켜버린다.

제품 백로그로 위장한 요구사항 명세는 제품 책임자와 팀 간의 바람직하지 않은 관계를 나타내는 증상일 확률이 높다. 그런 백로그를 발견하면, 제품 비전이 있는지 먼저 확인해야 한다. 제품 비전이 있다면, 그 비전을 토대로 새로운 제품 백로그를 만들고 위장된 요구사항 명세는 폐기한다. 제품 비전이 없다면, 일을 중단하고 필요한 비전 수립 작업부터 수행한다. 물론 위장된 요구사항 명세로 일을 못하는 것은 아니다. 일을 조금 느리게 하면서, 테마를 뽑으며 백로그와 씨름하고, 아이템을 사용자 스토리로 재작성하고, 백로그 우선순위를 재정의할 수도 있다. 하지만 그렇게 하면 성공적인 제품을 출시할 수 있는 기회가 줄어든다.

산타에게 보내는 희망사항

아이들이 산타에게 보내는 희망사항을 닮은 제품 백로그에는 필요할 것이라고 생각한 모든 것이 담긴다. 이런 백로그는 처리되지 않은 업무 목록이 아니라, 요구사항 데이터베이스다. 백로그 희망사항은 우선순위를 정하는 일이 어렵기로 유명할 뿐 아니라, 너무 많은 기능을 이미 식별해놓았기 때문에 고객과 사용자 피드백에 기반해 발전하는 제품의 가능성 또한 제한한다. 제품 아이디어나 비전을 사용해 어느 아이템이 성공적인 제품을 개발하고 출시하는 데 필수적인지를 파악하고, 나머지는 폐기해야 한다.

요구사항 강요

제품 책임자가 혼자 백로그 아이템을 작성하고 스프린트 계획 수립 회의에서 팀에게 그 내용을 전달하기도 한다. 이런 방법은 제품 책임자와 팀 사이의 간극을 넓힐 뿐이다. 결국 팀 지식과 경험, 창조성을 헛되게 만들고, 스프린트 계획 수립을 훨씬 더 어렵게 만든다. 제품 책임자는 그루밍 작업에 팀을 항상 참여시켜야 한다. 스프린트마다 한 번 이상의 그루밍 워크샵을 계획하고, 팀원들을 초대하고, 팀에게 각 스프린트마다 그루밍 작업에 시간을 할애하라고 상기시켜야 한다. 애자일 선언문의 '협력'이라는 주문을 항상 활용해야 한다. "비즈니스맨과 개발자는 프로젝트 내내 날마다 함께 협업해야 한다."[41]

그루밍 무시

내가 지금까지 참석했던 대부분의 스프린트 계획 수립 회의는 재미있었다. 그렇지 않았던 회의에는 그루밍이 제대로 되지 않은 제품 백로그가 있었다. 회의 전에 백로그를 미리 손질해놓지 않은 경우, 제품 책임자와 팀은 대부분 귀중한 계획 수립 시간을 잡아먹고도 형편없는 요구사항과 부실한 참여로 끝나버리는, 즉흥적인 그루밍 활동을 수행한다. 그러다 보니 회의 막바지에 이르면 사람들의 진이 다 빠진다. 제품 백로그를 제대로 그루밍하지 않았다면, 다음 스프린트를 시작해서는 안 된다. 백로그를 제대로 준비할 때까지 연기해야 한다.

경쟁적인 백로그

내 고객사 중에는 팀 하나를 데리고 업무를 진행하는 다섯 명의 제품 책임자가 있는 회사가 있었다. 각 제품 책임자는 가능한 한 빨리, 되도록이면 많은 양의 업무를 완료하고자 했기 때문에, 팀은 스프린트마다 다섯 가지 백로그에 대한 작업을 모두 진행하라는 요청을 받았다. 자신들의 요구사항 작업을 진행하고 있다는 것을 알면서, 제품 책임자는 어느 정도 위안을 가졌다. 하지만 무엇 하나라도 완성하려면 오랜 시간이 걸리기 때문에, 제품 책임자들은 불만을 갖기도 했다. 동시에 다수 제품을 개발하는 것이 겉으로는 좋아 보일 수도 있다. 모두가 바쁘고, 모든 제품을 개발하고 있기 때문이다. 하지만 어느 것도 신속하게 진행되지 못한다. 팀이 서로 공유하는 스프린트 목표가 없어, 태스크 전환에 귀중한 시간만 허비한다.

팀이 여러 개 제품 백로그를 기반으로 일해야 한다면, 각 스프린트에는 단지 하나의 제품에만 집중해야 한다. 이보다 더 좋은 방법은 팀에게 몇 번의 스프린트 동안 한 제품만 작업해서 새로운 제품 버전을 신속하게 릴리스하고, 그 후에 다음 제품으로 옮기는 것이다. 이 방법을 위해서는 제품의 우선순위를 정하고 포트폴리오 관리 프로세스도 수립해야 한다. 내 고객의 문제는 궁극적으로 모든 것을 그 전날까지 완료하기를 원해놓고, 제품 책임자에게 도움이 될 우선순위를 정하는 것은 어려워 한 그 기업의 CEO에게 있었다.

성찰

제품 백로그를 정의할 때는 각자 스스로의 창의력에 믿음을 가져야 한다. 백로그를 단순하고 간결하게 유지해야 하며, 제품에 생명력을 불어넣는 데 필요한 아이템에 집중하고, 불필요한 아이템은 과감하게 제거해야 한다. 3장에서 설명한 개념을 적용할 때 다음과 같은 질문이 도움을 줄 것이다.

- 요구사항을 어떻게 발견하고 기술하는가?
- 제품 백로그가 DEEP 특징을 나타내는가?
- 제품 백로그를 어떻게 그루밍하는가?
- 스프린트마다 협력을 통해 요구사항을 발견하고 정의하려면 무엇이 필요한가?
- 비기능적 요구사항은 어떻게 관리하는가? 언제, 어떻게 찾아내는가?

4장 릴리스 계획 수립

"계획 수립은 가치 탐색이다."[1]라고 마이크 콘은 말한다. 릴리스 계획 수립은 성공적인 제품 개발과 출시에 도움을 준다. 릴리스 계획 수립은 스크럼 팀과 이해당사자 간 대화를 조성하고, 그 프로젝트가 언제까지 어떤 기능을 개발할지에 대한 답을 준다. 릴리스 계획 수립은 팀이 고객과 사용자의 피드백에 맞춰 반응하도록 프로젝트 기간 내내 이루어진다. 스크럼 팀이 문서 위주의 계획 수립과 보고에서 대화 중심으로 바꾸면, 계획 수립 자체를 더 단순하고 투명하게 만드는, 좀더 간결한 계획 수립 기법을 사용할 수 있다. 릴리스 계획 수립은 서로 협력해야 하는 작업이지만, 필요한 의사결정이 내려졌는지 확인하고 책임지는 사람은 제품 책임자다.

4장에서는 필수 릴리스 계획 수립 개념과 기법에 대해 설명하겠다. 포괄적이고 세부적인 설명을 위해서는 『불확실성과 화해하는 프로젝트 추정과 계획』[9]을 참조하기 바란다.

시간, 비용, 기능

릴리스 계획 수립은 성공적인 제품의 출시를 위해 절대로 타협할 수 없는 시간과 비용, 기능에 관계된, 프로젝트를 이끌어갈 수단에 대한 의사결정부터 시작한다. 출시일에 꼭 맞춰야 하는가? 개발 예산이 고정적인가? 제품 백로그에 있는 제품 요구사항을 전부 개발해야 하는가? 시간과 예산, 기능을 모두 고정시킬 수는 없다. 최소한 그 세 가지 중 하나는 막힌 물꼬를 터주는 역할을 해야 한다. 따라서 나는, 시간은 고정시키되 기능은 유연하게 가져갈 것을 권장한다.

기능을 고정시키는 것은 좋은 생각이 아니다. 제품에 대한 확실한 비전이 있다 해도, 제품의 정확한 속성, 기능, 피처feature는 모두 처음부터 나타나는 것이 아니라 고객과 사용자 피드백에 근거해서 찾아가는 것이기 때문이다. 스크럼 팀이 고객 요구가 무엇이고, 그 요구를 어떻게 충족시킬 수 있는지 이해할수록 더 많은 요구사항을 찾게 되고, 제품 백로그가 발전한다. 기능을 고정하는 것은 고객 반응에 맞게 제품을 수정하려는 팀의 능력을 저해하는 것이고, 그 결과, 품질이 나빠지고 고객의 관심에서 멀어지게 된다.

제품 비전이 있으면 출시할 날짜를 정하기가 수월하다. 비전을 바탕으로, 바라는 바를 얻기 위해 제품을 반드시 출시해야 하는 적기가 언제인지 파악할 수 있다. 기회 시점을 파악하고 나면, 가장 부족한 자원인 시간을 잘 관리할 수 있다. 날짜를 놓치면 기회를 잃어버리게 되고, 기회를 잃어버리면 제품 출시의 의미가 사라진다. 제품 백로그에 나타난 업무에 바탕을 두고 출시일자를 정하는 것은 좋지 않다. 출시일을 지키기 위해 팀이 요구사항을 고정시키면, 추정의 질이 낮아질 수 있기 때문이다. 요구사항을 기반으로 추정한 출시일은 60%에서 많게는 160%까지 달라질 수 있다. 다시 말해, 20주가 소요될 것으로 예상한 프로젝트가 실제로는 적게는 12주에서 길게는 32주까지 걸릴 수 있다는 것을 의미한다.[9] 이런 상관관계는 이미 잘 알려져 있듯이 불확실성의 원추Cone of Uncertainty라고 부른다.[1] 가능한 출시일을 추정하기보다는 최적의 시점을 정하는 것이 불확실성에 대한 문제를 피할 수 있는 방법이다. 날짜를 정하면 지속적으로 혁신할 수 있는 리듬을 만들 수 있다. 모든 릴리스에 동일한 타임박스를 정하면 가능한 일이다. 허황된 말처럼 들리는가? 하지만 그게 바로 세일즈포스닷컴이 해낸 일이다. 세일즈포스닷컴은 주문형 CRM 서비스를 제공하는 선두업체로, 어느 정도 성공을 이뤘다. 하지만 수년 동안의 빠른 성장으로 인해 세일즈포스닷컴은 2006년에 어려운 상황에 빠졌다. 신제품을 일 년에 한 번밖에 릴리스 못할 정도로 회사의 개발능력은 감소했고, 생산성도 급격히 감소했다. 회사를 살리기 위한 노력의 일환으로 세일즈포스닷컴은 스크럼을 도입했다. 세일즈포스닷컴의 플랫폼 개발 부문 부사장인 크리스 프라이가 다음과 설명했다.[2]

> 세일즈포스닷컴에 애자일을 도입하기로 한 결정은, 좀더 정확한 예측이 가능한 짧은 주기의 릴리스를 하기 위한 바람에서 나온 것이었다. 주요 릴리스 없이 한 해를 보냈기 때문에 고객들에게 지속적으로 가치를 실현할, 좀더 예측 가능한 릴리스 스케줄을 원했다.

스크럼 도입 후, 세일즈포스닷컴은 엄격한 혁신 리듬을 따랐다. “회사 전체가 12개월에서 4개월 리듬으로 전환했고, 매년 스케줄대로 세 번의 주요 릴리스를 했다. 여기에는 모든 제품 소프트웨어 개발과 기술 운영, 그리고 내부 IT 시스템도 포함된다.”고 세일즈포스닷컴의 프로그램 관리 및 애자일 개발 부문의 부사장인

1 불확실성의 원추는 제일 처음 배리 보엠에 의해 알려졌다.

2 크리스 프라이와의 인터뷰 www.agilethinkers.com/chris_fry_salesforcecom_qa/

스티브 그린이 설명했다.[3] 그 결과는 놀라웠다. 세일즈포스닷컴은 짧고 지속적인 릴리스 주기를 확립함으로써 개발을 완료한 피처 수가 놀랍게도 97%나 증가하는 것을 경험했다. 그와 동시에, 그 기업은 새로운 피처를 위한 출시까지 일정을 61%나 줄일 수 있었다. 추정과 계획 수립 또한 더 효과적이고 정확해졌다. 세일즈포스닷컴의 고객이 그 다음 릴리스를 계획하기가 수월해졌고, 그와 동시에 개발 팀도 더 만족했다.[61]

노동력이 결정적인 비용 요소라고 가정했을 때, 날짜를 정하고 안정적인 스크럼 팀을 활용하면 예산을 정하기가 쉬워진다. 프로젝트를 확장해야 할 때 예산을 정확하게 예상하기가 더 어려운데, 특히 신제품 개발 프로젝트는 더욱 어렵다. 예산을 초과할 위험에 처하면, 제품 책임자는 선택을 해야 한다. 적은 기능으로 출시하거나, 추가 인원으로 생산성을 향상시킬 수 있는 시간이 충분하다면 더 많은 사람을 프로젝트에 참여시키도록 요청해야 한다. 애플은 릴리스 날짜를 맞추기 위해 비용을 늘리고 더 많은 인력을 첫 번째 아이폰 프로젝트에 투입했다. 하지만 브룩스의 법칙을 항상 조심해야 한다. "지연되는 소프트웨어 프로젝트에 새로운 인력을 투입하면 오히려 더 늦어진다."[8]

고정금액 계약은 어떨까?

선택의 여지가 있다면, 예산과 범위가 고정된 프로젝트는 피해야 한다. 선택의 여지가 없다면, 다음과 같이 해보기 바란다. 고정금액 계약을 둘로 나누어 두 개의 연속적인 프로젝트로 수행하는 것이다. 첫 번째 프로젝트는 제품 비전을 생성하고, 두 번에서 세 번의 스프린트를 통해 비전을 일부 구현한다. 프로젝트 막바지의 제품 백로그는 고객 피드백을 토대로 발전해 있을 것이다. 이런 상황이라면, 제품에 생명을 지속

---

3 2009년 4월 16일에 있었던 스티브 그린과의 사적인 대화.

적으로 불어넣을 두 번째 프로젝트를 위해 현실적인 릴리스 계획을 세우고 현실적인 예산 추정을 할 수 있다. 스크럼이 프로세스를 파괴적으로 혁신한다는 점을 인식해야 한다. 모든 파괴적 혁신이 그렇듯, 기존 고객들은 그런 혁신을 포용하지 않을 수도 있다. 그들은 이미 효과가 있을 듯해 보이는 다른 솔루션에 마음을 두고 있기 때문이다.

품질 동결

지금까지 살펴본 것처럼, 제품 기능은 진화한다. 제품의 완성도도 프로젝트 기간 동안 마찬가지로 증가한다. 제품의 룩앤필Look and Feel, 그리고 전체적인 사용자 경험도 향상된다. 하지만 스크럼은 스프린트를 통해 소프트웨어 품질을 동결시킨다. 품질 기준은 완료에 대한 정의에 포함시킨다. 완료 정의는, 매 스프린트 마지막에 잠재적으로 출시 가능한 제품 증가분에 대한 검증을 포함한다. 이는 완료가 실행 가능한 소프트웨어에 대해 검증을 했고, 문서화했으며, 출시할 수 있는 상태라는 것을 뜻한다. 품질 보증 및 관리 기준은 스프린트의 필수적 요소로, 나중에 생각난 돌발적인 사항 때문에 프로젝트 막바지를 망가뜨리지는 않는다.

스프린트가 알맞은 품질로 된 증가분을 출시하는지 확인하는 것은 매우 중요하다. 제품 책임자는 소프트웨어 품질을 타협하도록 팀을 부추기는 일이 없어야 하고, 완료기준을 충족하지 않은 작업 결과를 절대 수용하지 말아야 한다. 품질을 놓고 타협하면 제품 증가분에 결점이 생기고, 진척도를 명확하게 알 수 없으며, 릴리스를 빨리, 자주 할 수도 없다. 설상가상으로, 품질을 타협해버리면 장기적으로 부정적인 효과가 발생한다. 확장이나 유지보수가 어려운 기술적 부채라는 소프트웨어를 만드는 것이다.[57] 그런 소프트웨어는 제품 브랜드에 타격을 주고 소비자에게는 불만족을 준다. 소프트웨어 품질을 놓고 타협하는 것은, 단기적인 이익과 장기적인 성장을 맞바꾸는 것을 의미한다. 자신의 좀더 나은 밝은 미래를 자기 스스로 갈취하는 것이나 다름없다.

 빠르고 빈번한 릴리스

"무엇보다 중요한 것은 가치 있는 소프트웨어를 일찍 지속적으로 출시해서 고객을 만족시키는 것이다."라고 애자일 소프트웨어 개발 선언문에 나와있으며, "동작하는 소프트웨어를 2주에서 2개월 간격으로, 기왕이면 더 짧은 기간 내에 자주 출시하라."고 권고한다.[41] 한 번에 완성된 제품을 출시하는 대신, 고객을 위해 제품 증가분을 일찍 자주 릴리스하면 귀중한 피드백을 얻을 수 있다.[4] 일찍 자주 릴리스하면 제품이 고객 반응에 따라 진화하며, 스크럼 팀이 잘못된 피처를 구현하거나, 너무 많거나 적은 피처의 제품을 개발하는 것을 막아준다. 이렇게 빠르고 빈번한 릴리스는 제대로 된 제품을 개발하는 데 도움을 준다.

빈번한 릴리스는 고객과 사용자가 스프린트 검토 회의에서 데모만 보는 대신 원하는 환경에서 해당 제품을 사용해볼 수 있기 때문에 효과적이다. 또한, 일찍 자주 릴리스하면 스크럼 팀이 더 많은 사람들에게 다가갈 수 있기 때문에 잘못된 대상 고객을 선정하는 위험을 감소시킬 수 있다. 소프트웨어를 일찍 릴리스하면 또 다른 이점도 있다. 잘못된 비전이 빨리 드러나고, 비전을 수정하거나 프로젝트를 초기에 취소할 수 있는 기회를 얻는다.

---

4 조기에 자주 릴리스하는 것은 오래 전부터 있었던 아이디어다. 그 아이디어는 최소한 톰 길브의 진화적인 출시 방법까지 거슬러 올라간다[33]. 벡의 『익스트림 프로그래밍』[26]에서도 짧은 릴리스(short release), 벡과 안드레스의 책에서는 점진적 배포(incremental deployment)라고 불리는 빈번한 릴리스를 권장한다.[15]

구글의 크롬 브라우저 개발 팀은 처음에 북마크를 포함시키지 않을 생각이었다. 하지만 사용자 피드백을 받고 보니 북마크바로 인터넷 사이트를 다니는 사람들이 적지 않음을 알게 됐다. 그래서 팀은 새로운 솔루션을 생각해 냈다. 사용자가 인터넷 익스플로러나 파이어폭스에 이미 구성한 북마크를 갖고 있다면, 크롬에 그 내용을 불러들이는 것이다. 사용자가 선택하지 않으면 북마크바를 설치하지 않는다. 브라우저의 초기 버전을 릴리스하지 않았다면, 팀은 북마크바의 중요성을 발견하지 못했을 것이고, 결국 최고가 아닌 차선의 제품을 출시하고 말았을 것이다. 『구글은 일하는 방식이 다르다』의 저자 버나드 지라드가 지켜본 대로, 빈번한 릴리스는 구글 혁신력의 한 부분을 차지한다. "제품의 준비 여부와 상관없이 제품을 시장에 빨리 내놓음으로써 구글은 자신들의 노력과 짧은 주기의 잠재적 경쟁에서부터 최고의 혜택을 창출해냈다… 빨리 자주 릴리스하는 구글의 전략은 탁월하고 창조적인 마케팅 전략이기도 하다. 잠재적인 경쟁자를 막고, 시장에 진입하는 비용을 높이고, 사용자를 구글의 영향력 내에 놓았다."[2]

세상 이치가 그렇듯이, 공짜는 없다. 빈번한 릴리스에도 대가는 있다. 그 대가란, 소프트웨어가 고품질이면서, 제품을 구하고 설치하기가 쉬워야 한다는 것이다. 제품의 초기 증가분에 몇 가지 피처를 일부만 구현해도 좋다. 또한 고객이나 사용자에게 제한된 이점만을 주는 피처를 릴리스하는 것도 그런대로 괜찮다. 하지만 완료기준에 이미 정의했듯이, 소프트웨어 품질은 모든 제품 증가분에 동일해야 한다. 품질에 일관성이 있어야 향후 스프린트에서 해당 제품을 신속하게 수정할 수 있고 제품 명성에 타격을 줄 버그도 방지할 수 있다. 테스트 중심 개발과 테스트 자동화, 리팩토링, 지속적인 통합과 같은 애자일 개발의 실천사항이 출시 가능한 제품 증가분의 개발을 용이하게 해준다. 팀은 이렇게 유용한 실천사항을 배울 시간이 필요하고, 이를 적용하기 위해 기반환경을 바꿔야 할 수도 있다.

제품의 새 버전을 구하고 설치하는 것이 쉽지 않다면, 고객은 개선된 제품일지라도 거부하거나 무시할 것이다. 비록 어려운 일이지만 "어떤 대규모 프로젝트도 작게 그리고 조기에 출시 가능하도록 분해할 수 있다. 그 일을 위해 기술적 해결방안을 변경하더라도 포기하지 말아야 한다. 기술이 아닌, 결과에 집중해야 한다."[33]

분기별 주기

스크럼에 프로젝트 기간을 정해놓은 규칙은 없다. 하지만 애자일 프로젝트는 3개월에서 6개월 이상 걸리지 않는 것이 보통이다. 제품에 생명을 불어넣는 데 3개월이나 4개월 이상 걸릴 것으로 예상한다면, 분기별 주기를 사용해야 한다. 테스트와 문서화를 마치고 제대로 작동하는 최소한 하나 이상의 소프트웨어를 분기마다 릴리스한다.[15] 구글은 크롬 브라우저의 첫 번째 버전을 개발하는 데 필요한 2년 동안, 분기별 주기를 활용했다. 다린 피셔는 그 프로세스에 관해 다음과 같이 설명했다. "우리는 분기 중심으로 일을 했기 때문에, 살아있는 문서인 제품 백로그를 분기마다 수정했다. 그 말은 분기별로 특정 주제에만 집중한다는 것이다. 제품 개발을 진행하면서, 구글의 누구라도 제품이 사용할 만한지 일찍부터 확인할 수 있었고, 그 덕에 우리는 지속적인 피드백을 얻었다."[5] 의료기기 생산 기업인 페이션트키퍼도 분기별 릴리스를 체계적으로 도입하여 3개월마다 새로운 버전의 제품을 출시했다.[45] 페이션트키퍼 제품이 안정성을 매우 중요시하고, FDA의 승인을 받아야 하며, 다양한 병원 환경에 배포된다는 점을 고려할 때, 3개월마다 출

5 2008년 10월 1일 서치소프트웨어퀄러티(SearchSoftwareQuality.com)의 콜린 프라이가 진행한 다린 피셔와의 인터뷰

시하는 것은 해당 기업에게 엄청난 경쟁우위를 가져다 준다. 페이션트키퍼가 거대한 경쟁자들의 발을 묶어두고, 의료 모바일 애플리케이션 분야에서 선두주자로 자리를 확고히 한 것도 우연이 아니다.

개발속도

개발속도는 팀이 한 번의 스프린트 내에 할 수 있는 작업량을 나타내는 지표다. 그 지표를 활용하면 프로젝트 진척도를 파악하고 예상할 수 있다. 더 정확히 말하면, 개발속도는 스프린트에서 제품 책임자가 수용한 작업 결과를 위해 쏟은 노력의 총량이다. 예를 들어, 스프린트 계획 수립 회의에서 팀이 12스토리포인트의 노력이 필요한 6개의 스토리를 개발한다 가정하자. 이런 가정 하에, 각 스프린트의 마지막에 제품 책임자가 증가분을 세밀히 점검하자, 하나를 제외한 모든 요구사항이 완료기준에 따라 완성됐다. 즉, 스토리 D의 문서에 아주 미미한 부분이 완성되지 않았다. D가 완성되지 않았기 때문에, 표 4.1에 나타난 것과 같이 그 스토리포인트는 팀의 개발속도에 포함하지 않고 계산한다. 그 결과, 완료된 백로그 아이템에 대한 스토리포인트 합계는 10이다. 따라서 해당 스프린트의 팀 개발속도는 10포인트다.

표 4.1 개발속도 측정

제품 백로그 아이템	스토리포인트	검토 결과
A	1	수용
B	3	수용
C	1	수용
D	2	거부
E	2	수용
F	3	수용

예제에 나온 것처럼, 개발속도는 제품 백로그 아이템을 제품 증가분으로 바꾸는 팀 능력을 관찰해야 잘 파악할 수 있다. "동작하는 소프트웨어야말로 진척도의 기본 측정법이다."[41]라고 애자일 소프트웨어 개발 선언문에도 나와있다. 개발속도에는 팀 구성의 다양한 상황이나, 걸림돌, 가용성과 같은 여러 요소가 영향을 준다. 예를 들어, 여러 명의 팀 구성원이 휴가를 낸다면 개발속도는 떨어질 것이다. 새로운 팀이나 새로운 제품 개발 프로젝트라면 일정한 개발속도를 내기까지 두 번에서 세 번 정도의 스프린트가 필요할 것이다.[9]

개발속도는 팀마다 다르며, 일반적으로 다른 팀과 비교할 수도 없다. 여러 팀이 서로 다른 의미로 스토리포인트를 사용하기 때문이다. A제품을 개발하는 팀의 개발속도가 40포인트고, B제품을 개발하는 팀의 개발속도가 20포인트라 해서, 개발속도 40포인트인 팀이 더 생산적이라고 할 수는 없다. 팀마다 개발 추정치가 다를 수 있기 때문이다.

릴리스 소멸

스크럼에서 릴리스 소멸은 프로젝트 진척도를 추적하고 예상하기 위한 가장 기본적인 산출물로, 소멸차트와 소멸막대그래프의 두 가지 형태가 있다. 릴리스 소멸차트부터 먼저 살펴보자.

릴리스 소멸차트

릴리스 소멸차트를 사용해서 프로젝트 진척도를 추적하고 예상할 수 있다.[12] 릴리스 소멸차트는 이전 스프린트의 개발속도에 기반해서 미래를 예측하고, 그에 따라 스크럼 팀이 제품과 프로젝트를 상황에 맞게 조정할 수 있게 해준다.[6] 소멸차트는 제품 백로그에 남아있는 작업과 시간이라는 두 가지 요소를 토대로 작성한다. 차트는 스프린트 결과물을 논의하는 스프린트 검토 회의에서 만들고 개선하는 것이 가장 좋다.

릴리스 소멸차트를 만드는 일은 간단하다. 먼저 좌표를 그리고 난 후, x축의 단위로 스프린트 수를 설정한다. y축에는 스토리포인트를 적는다(다른 단위를 사용한다면, 그 단위를 적는다). 첫 번째 측정 데이터는 개발 시작 전에 추정한 제품 백로그 전체 작업 크기다. 다음 측정치 설정은, 첫 번째 스프린트가 끝났을 때 제품 백로그에 남아있는 작업 크기에 맞춘다. 이어, 그 두 점을 선으로 연결한다. 이 선을 소멸선이라 한다. 그 선은 제품 백로그 상의 어떤 업무를 해나가는 처리 정도를 나타내는 것이다. 남아있는 작업과 개발속도가 안정된 상태라고 가정한 상태에서 소멸선을 x축까지 확장하면, 프로젝트가 언제 끝날지 예측할 수 있다. 그림 4.1에 나와있는 소멸차트 샘플을 살펴보자.

그림 4.1의 릴리스 소멸차트는 두 가지 형태의 선을 보여준다. 실선은 실제 소멸된 것을 뜻하며, 현재까지의 진척도와 남아있는 작업을 나타낸다. 차트를 보면, 프로젝트가 뒤늦게 시작했음을 알 수 있다. 그것은 아마도 장애물과 위험 파악, 팀 구성, 또는 기술 문제로 인한 것일 수 있다. 세 번째 스프린트를 보면, 남아있는 작업이 증가했다. 그것은 아마도 팀이 비전을 충족시키기 위해 백로그 아이템을 다시 추정하거나 새로운 요구사항을 발견했기 때문일 것이다.

6 벡과 파울러는 이런 속성을 어제 날씨(yesterday's weather)라고 한다. 스프린트 검토 회의에서 몇 주마다 진척도를 확인하면서 릴리스 소멸차트를 개선하고 예측한 내용을 조정하는 새로운 기회를 갖기 때문에 대략적인 예측도 괜찮다.[32]

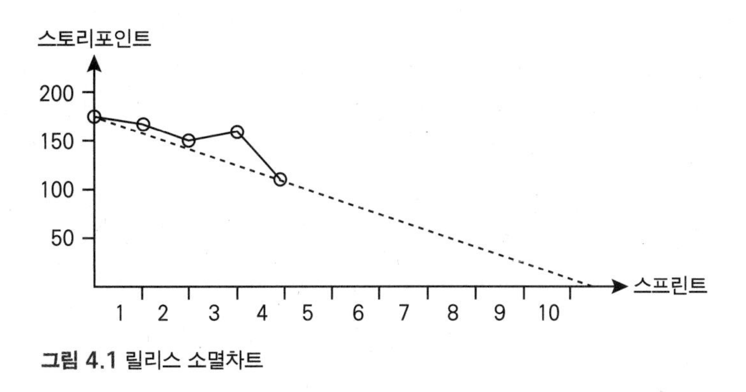

그림 4.1 릴리스 소멸차트

네 번째 스프린트에는 급격한 소멸이 있다. 프로젝트가 빠르게 진행된다는 의미다. 지난 스프린트를 바탕으로, 그림 4.1에 나와있는 것처럼 점선으로 소멸선의 추세를 표시할 수 있다. 소멸추세선을 통해 다음 스프린트의 진척도를 예상할 수 있다. 제품 백로그 작업과 진척도가 안정적이라면, 소멸추세선을 볼 때, 프로젝트가 10번의 스프린트 안에는 끝나지 않는다는 것을 알 수 있다. 그 말은 프로젝트가 예상을 벗어났다는 것을 의미한다. 이런 내용을 기반으로 스크럼 팀은 그 원인을 찾아볼 수 있다. 개발속도가 너무 느린가? 아니면 일이 너무 많은가? 원인이 분명해지면, 팀은 올바른 조치를 취할 수 있다. 날짜가 정해져 있다면, 기능을 줄이거나 팀에 전문가를 추가해달라는 요청을 할 수도 있다.

나의 동료인 스테판 룩이 말하듯, 소멸차트는 항상 생각하면서 사용해야 한다. 소멸차트는 대화를 활발히 하고, 상황을 파악하는 데 도움을 주는 단순한 도구다. 주어진 시간을 생각하고, 그 기간 안에 스프린트를 모두 개발할지, 아니면 일부만 개발할지 결정해야 한다. 스프린트 중에 예측을 왜곡시키는 이상현상이 있는지 알아야 하며, 있는 경우 추세선을 그에 맞게 조정해야 한다. 이상현상의 예로는, 팀 구성원이 아프거나, 개발을 중단시키는 서버 장애가 있거나, 팀이 이례적인 진척도를 보이는 경우 등이 있다.

소멸차트를 만들고, 개선하고, 저장하는 도구 중 내가 가장 좋아하는 도구는 종이 플립차트다. 플립차트는 대화와 협력을 활발히 하는 데 도움을 준다. 디지털 보고서가 더 정확하리라는 환상은 떨쳐버려야 한다. 도구가 무엇이든, 팀 작업 공간에 그 차트를 걸어놓고 스프린트 회고 회의까지 계속 사용하기 바란다.

릴리스 소멸막대그래프

더 복잡한 형태의 릴리스 소멸차트는 릴리스 소멸막대그래프다.[9] 릴리스 소멸막대그래프는 릴리스 소멸차트의 모든 속성을 갖고 있지만, 계획된 아이템과 소멸 작업을 재추정하는 일과, 제품 백로그 아이템을 추가하고 제거하는 방식에 차이가 있다. 진척이 진행되거나 추정을 줄이면, 막대 윗부분이 아래로 내려온다. 반대로 추정이 높아지면 막대 윗부분이 위로 올라간다. 새 아이템을 백로그에 추가하면, 막대 아랫부분이 아래로 내려가고, 백로그에서 아이템을 제거하거나 더 낮은 노력이 필요한 아이템으로 대체하면 아랫부분이 위로 올라간다. 그림 4.2는 릴리스 소멸막대그래프의 예다.

그림 4.2의 릴리스 소멸막대그래프는 그림 4.1의 소멸차트 샘플과 같은 내용을 담고 있다. 차이점은, 세 번째와 네 번째 스프린트에서 무슨 일이 일어났는지를

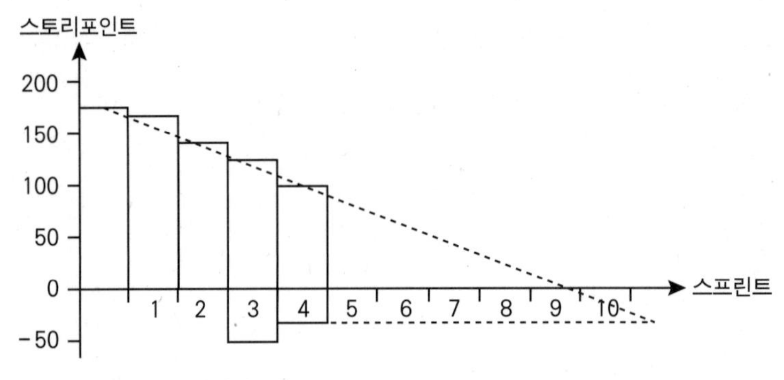

그림 4.2 릴리스 소멸막대그래프

더 잘 이해할 수 있다는 점이다. 아래로 내려온 막대의 윗부분은, 두 개 스프린트 모두 팀이 적절한 진척을 이뤘다는 것을 말해준다. 세 번째 스프린트에서 막대 아랫부분이 아래로 움직인 것은 새로운 아이템을 스프린트에 추가시켰다는 것을 의미한다. 네 번째 스프린트에서 아랫부분이 위로 올라갔는데, 이것은 스프린트에서 일부 아이템을 제거했다는 것을 나타낸다.

제일 첫 번째 막대는 첫 번째 스프린트 이전 작업을 나타낸다. 그림 4.2에는 아래와 위에, 두 개의 점선이 있다. 위에 있는 점선은 소멸추세를 나타내는 것으로, 릴리스 소멸차트에 있는 점선과 동일한 의미다. 아래 점선은 남은 스토리포인트가 0이 되는 선을 의미한다.

릴리스 계획

"계획은 중요하지 않다. 계획하는 과정이 중요한 것이다."라고 드와이트 D. 아이젠하워가 말했다. 이와 같은 통찰력은 특히 릴리스 계획 수립에 필요하다. 비록 스크럼 팀이 릴리스 계획을 갖고 있어야 할 필요는 없지만, 릴리스는 분명 사전에 계획해야 한다. 대부분의 스크럼 팀은 릴리스 소멸차트나 소멸막대그래프를 사용하고, 어떤 기능을 어떤 릴리스에 개발할 것인지를 나타내기 위해 제품 백로그 아이템을 하위집합으로 묶는 것만으로도 충분하다고 생각한다.[7] 하지만 대규모 스크럼 프로젝트를 수행하거나, 다른 프로젝트나 파트너, 또는 공급업체와 조율해야 하는 프로젝트는 아마도 체계적인 계획을 원할 것이다.

릴리스 계획은 팀을 목적지로 이끌어주는 대략적인 지도와 같다. 그 계획은 제품

7 이와 같은 하위집합은 릴리스 백로그라고도 한다.[12]

이 어떻게 생성되는지, 언제 소프트웨어가 출시될지 예측한다. 릴리스 계획은 릴리스 소멸차트가 더 발전되고 강화된 형태로, 소멸차트보다 더 많은 정보를 제공하지만, 더 복잡하다. 그 계획은 제품 백로그 아이템과 백로그에 남아있는 작업, 개발속도, 그리고 시간이라는 네 가지 요소에 기반을 둔다. 릴리스 계획은 결코 동결된 것이 아니다. 제품 백로그가 진화하고 작업량과 개발속도에 대한 이해가 높아질수록 계획은 변한다. 릴리스 소멸과 마찬가지로, 릴리스 계획은 스프린트 검토 회의에서 함께 생성하고 개선하는 것이 가장 좋다.

계획을 잘 활용하기 위해, 각 릴리스가 테마와 에픽에 관련된 기능을 보여주는 것이 좋다. 릴리스 계획에 스토리를 보여주면 너무 많은 세부사항이 나타난다(4장 뒷부분에서 설명하겠지만, 대규모 프로젝트에는 예외가 있다). 다른 사람이나 팀과 조율하기 위한 정보를 제공하는 것은 매우 중요한 일이다. 또한 팀 구성이나 프로젝트 조직의 변화와 같이 개발속도에 영향을 미치는, 이미 알려진 변경사항을 언급하는 것도 도움된다. 표 4.2는 릴리스 계획의 예를 보여준다.

표 4.2 릴리스 계획 예

스프린트	1	2	3	4	5	6	7	8
예상 개발속도	해당 사항 없음	12-32	18-28	21-28	11-18	16-23	21-28	21-28
실제 개발속도	20	25	28					
종속성			이미지 라이브러리					
릴리스				알파: 통화, 기본 문자 메시지	휴가	베타: 컨퍼런스 콜, 칼라 메시지		V1.0
				현재 스프린트				

표 4.2의 예를 보면, 프로젝트는 현재 네 번째 스프린트 중에 있으며, 네 번의 스프린트를 더 하면 1.0 버전이 완성될 것을 예상할 수 있다. 각 스프린트는 2주다. 두 가지 테마를 구현하는 알파 버전은 네 번째 스프린트 후에 특별 고객에게만 릴리스한다. 두 가지 테마를 더 구현하는 베타 버전은 여섯 번째 스프린트 후에 릴리스한다. 비록 두 가지 릴리스를 알파와 베타로 구분했지만, 두 가지 모두 완료기준을 충족시킨 제품 증가분이다. 1.0 버전은 여덟 번의 스프린트, 또는 4개월 후에 출시된다. 세 번째 스프린트에서는 지원을 받았다. 이처럼 릴리스 계획은 실제 개발속도를 문서화하고, 남아있는 스프린트에 대해 예상을 하게 해준다.

개발속도 예측

개발속도를 예측하기 위해, 다음과 같은 단계를 밟는다. 신제품을 개발하고 있거나, 팀이 이전에 한 번도 같이 일한 적이 없거나, 또는 팀 구성이 많이 달라졌다면, 최소한 한 번, 가능하면 두세 번의 스프린트를 수행하면서 개발속도를 관찰한다. 앞에서 언급한 대로, 개발속도가 안정되려면 여러 번의 스프린트가 소요될 수 있다. 유심히 관찰한 개발속도 범위를 사용해서, 앞으로 진행할 나머지 스프린트에 대한 개발속도를 예측한다. 표 4.2의 릴리스 계획에 대해, 수행이 끝난 세 번의 스프린트를 기반으로 볼 때, 네 번째 스프린트의 개발속도 범위는 20~28포인트이고, 평균 개발속도는 24포인트다.

또 스크럼 팀이 표 4.2의 릴리스 계획에 그랬듯이 표 4.3을 이용해 미래의 개발속도를 예상할 수 있다.[9]

표 4.3 완료한 스프린트 수에 기초한 개발속도 곱셈인자

완료 스프린트	최저 곱셈인자	최고 곱셈인자
1	0.6	1.60
2	0.8	1.25
3	0.85	1.15
4 또는 그 이상	0.9	1.10

* 마이크 콘의 『불확실성과 화해하는 프로젝트 추정과 계획』.[9] 허락을 받아 전재함.

표 4.2의 처음 세 번 스프린트로부터 구한 평균속도를 표 4.3의 적절한 최저와 최고 곱셈인자를 평균값과 곱했다. 그 결과로 얻은 개발속도는 21~28포인트 범위다.

팀이 다섯 번, 또는 그 이상의 스프린트를 수행하면 신뢰도가 높은 예측을 할 수 있다.[1] 표 4.2 예에 대한 8개 스프린트가 모두 끝났다고 가정하고, 그 다음 릴리스에 대한 팀 개발속도를 예측해보자. 이미 완료된 스프린트의 개발속도가 다음과 같다고 하자. 20, 25, 28, 26, 16, 20, 26, 26. 이제 이례적인 일이 있었던 스프린트에서 나온 데이터는 모두 버린다. 예를 들어, 팀 절반이 아팠거나 통합 서버가 며칠 동안 다운된 경우 등이다. 이어, 그 목록을 오름차순으로 정리하면 다음과 같다. 16, 20, 20, 25, 26, 26, 26, 28. 이제 표 4.4를 사용하여 90% 신뢰도를 가진 미래 개발속도를 측정할 수 있다.

표 4.4 90% 신뢰구간을 찾기 위해 정렬된 개발속도 목록에서 n번째 가장 낮은 개발속도와 n번째 가장 높은 개발속도를 사용하자

관찰한 개발속도 수	n번째 개발속도 관찰 순위
5	1
8	2
11	3
13	4
16	5

(이어짐)

관찰한 개발속도 수	n번째 개발속도 관찰 순위
18	6
21	7
23	8
26	9

*마이크 콘의 『경험과 사례로 풀어낸 성공하는 애자일』.[1] 허락을 받아 전재함.

이미 모두 수행된 8개 스프린트 결과에서, 시작과 끝에서 두 번째에 해당하는 개발속도 관찰값을 선택한다. 개발속도 범위는 20~26포인트이고, 평균 개발속도는 23이다. 이제 실제 개발속도가 이 범위 내일 것임을 90% 신뢰할 수 있다.

릴리스 계획 생성

개발속도를 예측하고 나서, 제품 백로그에 남아있는 작업량을 평균 개발속도나 개발속도 범위로 나누면, 잠정적으로 앞으로 몇 번의 스프린트가 남았는지를 알 수 있다. 남은 스프린트를 달력에 표시하고, 개발속도에 영향을 줄 수 있는 요소뿐만 아니라, 영향이 없을 것으로 판단했던 모든 요소까지도 다시 검토한다. 그 요소는 휴일, 휴가, 교육, 개발, 병가, 팀 구성 변화와 같은 프로젝트 조직 변화 등을 포함한다. 이어 각 스프린트의 예상 개발속도를 적절히 조정한다.

표 4.2의 릴리스 계획을 다시 살펴보자. 처음 세 번 스프린트의 실제 개발속도가 20, 25, 28이었다. 그렇다면 스프린트 당 평균 개발속도는 24포인트다. 스크럼 팀은 표 4.3의 곱셈인자를 사용해 4번째, 7번째, 8번째 스프린트 개발속도를 21~28포인트의 개발속도로 예측했다. 또한, 릴리스 계획은 몇몇 팀 구성원이 휴가를 내고 다시 업무로 복귀하는 5번째와 6번째 스프린트에 개발속도가 떨어질 것을 예상했다.

출시일이 이미 정해졌고 시장의 최적 기회가 바로 그 출시일이라고 가정했을 때, 제품 백로그 내의 업무를 그 기회에 맞춰 개발하지 못한다면, 기능을 줄이거나, 전문가 투입 등 팀에 인력을 추가하는 예산을 늘일 수 있다.

릴리스 계획을 작성하는 데 필자가 가장 좋아하는 도구는 팀 공간에 있는 화이트보드다. 바퀴가 달린 화이트보드는 다른 공간에서 사용하기에 수월하다. 릴리스 계획은 당연히 스프레트시트와 같은 디지털 도구로 작성할 수도 있다. 어떤 도구를 사용하더라도, 그 계획은 스크럼 팀과 이해당사자 간에 투명해야 하고 대화를 용이하게 해줘야 한다.

대규모 프로젝트 릴리스 계획 수립

대규모 프로젝트의 릴리스 계획 수립에는 추가적으로 고려해야 할 실천사항이 있다. 추정에 필요한 공통적인 기준 정의, 앞을 내다보는 계획 수립, 어쩔 수 없는 경우에 필요한 파이프라이닝 등이다.

추정에 필요한 공통 기준

여러 팀이 하나의 제품 백로그에 있는 아이템을 추정한다면, 그 팀들은 추정과 스토리포인트 범위, 각 숫자 의미에 대한 공통 기준에 동의해야 한다. 공통 기준이 없다면, 제품 백로그에 얼마나 많은 업무가 있는지를 파악하기는 매우 어렵다. 프로젝트가 조직 규모 면에서 성장하는 경우에는, 초기에 공통적인 추정치가 나타난다. 첫 번째 팀이 수치를 먼저 정하면, 나중에 프로젝트에 참여하는 다른 팀에게 길잡이가 된다. 처음부터 여러 팀이 한꺼번에 프로젝트에 참여하는 경우라면, 각 팀 대표자들이 공통 의미에 대한 이해의 범위에 동의하는 합동 추정 워크샵을 열어야 한다.

앞을 내다보는 계획 수립

전체 프로젝트 진척도를 극대화시키면서 모든 팀을 성공시키기 위해서는 추가 업무가 필요하다. 제일 먼저 해야 할 일은, 어떤 제품 백로그 아이템 작업을 할지 파악하기 위해, 두 번에서 세 번의 스프린트를 내다보는 일이다.[9], [35] 이를 위해 제품 백로그 아이템을 일찍부터 분해하고 정제해야 한다. 좀더 세부적으로 정의된 아이템은 제품 백로그의 상단에 위치시킨다.

다음 단계는 몇 가지 질문을 통해 팀 간 의존도를 알아내는 것이다. 모두가 동일한 피처나 컴포넌트를 개발해야 하는가? 다른 팀의 공급자 역할을 하는 팀이 있는가? 혹시 있다면, 피처나 컴포넌트를 공급하면서, 그것을 같은 스프린트 내에서 사용하는 것도 가능한가? 때로는, 문제가 될 만한 의존성을 없애기 위해 제품 백로그의 우선순위를 변경할 수도 있다. 예를 들어, 두 개 팀이 다음 스프린트에서 동일한 하위시스템에 대한 작업을 하는 상황이라면, 몇 가지 요구사항을 나중 스프린트로 연기하고 다른 아이템을 앞으로 당겨와서, 제품 백로그의 우선순위를 조정하면, 상호관련성을 없앨 수도 있다. 문제가 될 만한 의존성을 해결한 후에는, 각 팀에게 할당할 작업량을 생각해본다. 그 다음 스프린트에 너무 많은 업무가 할당됐는가? 아니면 팀 자원을 충분히 활용하지 못할 것 같은가? 이 두 가지 경우에 해당한다면, 다시 뒤로 돌아가 제품 백로그의 우선순위를 수정한다.

각 팀과 전체 프로젝트 간 최적의 밸런스를 맞추기 위해 조정 작업을 여러 번 해야 할 수도 있다. 이 단계를 완료했다면, 릴리스 계획에 있는 다음 두세 개 스프린트에 스토리를 추가한다. 이런 일이 팀 권한에 어떤 영향을 주지는 않는다. 또한,

요구사항을 예상하는 것과 팀이 실제로 그 요구사항을 개발한다는 것이 동일한 의미는 아니다. 다만, 이런 작업은 결과적으로 팀이 할 일을 증가시킨다. 안타깝게도, 선택의 여지는 없다. 미래를 내다보지 않는 것은 손전등이나 램프 없이 밤에 숲 속을 뛰어가는 것과 다름없다. 그렇게 되면 나무에 부딪히고 다치기만 할 것이다.

파이프라이닝

파이프라이닝은 마지막 보루다. 이 기법은 다른 모든 옵션이 실패했을 때 사용해야 한다. 파이프라이닝은 서로 함께 엮인 제품 백로그 아이템 개발을 분리해서, 여러 스프린트에 분배한다.[20] 그 방법은 다음과 같다. A와 B라는 두 개 팀을 고용했다고 하자. A팀은 B팀에 컴포넌트를 공급하고, B팀은 그 컴포넌트를 활용해서 개발한다. 앞을 내다보는 계획 수립을 해보니, 한 번의 스프린트 안에서 두 가지 업무를 수행하는 것이 가능하지 않다고 판단했다. 또한 요구사항을 더 분해해서 작업량을 줄이는 것도 쉽지 않았다. 그렇다면, 파이프라이닝을 해야 한다. A팀에게는 그 다음 스프린트에서 컴포넌트 구현을 시키고, B팀에게는 그 스프린트의 다음 스프린트에 컴포넌트를 활용하게끔 한다.

이 방법이 그럴듯해 보이지만, 사실 문제가 하나 있다. A팀이 작업을 끝냈을 때 얼마만큼의 작업이 끝난 것일까? 그리고 B팀이 컴포넌트를 활용할 때 그 컴포넌트가 예상대로 작동할 것을 어떻게 확신할 수 있을까? 일부만 완료된 작업은 소멸차트에서 완료 점수를 얻지 못하기 때문에, A팀이 한 업무는 릴리스 소멸차트에 반영할 수 없다. 따라서, 진척상황을 명확하게 알기 어렵다. 설상가상으로, 컴포넌트가 필요할 때 A팀이 실제로 공급할 수 있다는 것을 확신하기 위해, 불필요한 여유 기간을 둬야 할 수도 있다.[9] 여유 기간은, A팀이 컴포넌트를 생성하는 데 예상보다 업무가 더 많은, 만일의 사태에 대비하기 위한 것이다. 가능하면, 컴포넌트 팀보다는 피처 팀을 활용하여 파이프라이닝에 대한 필요를 줄일 수 있다.

흔히 하는 실수

스크럼 프로젝트에서 릴리스 계획을 수립할 때 피해야 할 실수는 다음과 같다. 바로 릴리스 소멸차트나 릴리스 계획 부재, 릴리스 계획 수립에 참여하지 않는 수동적인 제품 책임자, 빅뱅 릴리스, 한 번에 너무 많은 기능 개발, 품질에 대한 타협이다.

릴리스 소멸차트나 릴리스 계획 부재

필자는 지금까지 세부적인 프로젝트 계획을 세우면서도 릴리스 계획 수립을 전혀 하지 않는 조직을 여럿 봐왔다. 스프린트에서 스프린트로 넘어가는 상황만 고려하는 것은, 빠지기 쉬운 함정이자 위험이다. 릴리스 계획이 없다면 프로젝트 진척도를 평가하면서, 제품과 프로젝트를 올바른 방식으로 변경하기가 어렵다. 릴리스 소멸차트나 릴리스 계획 준비는 항상 필요하다. 팀 공간에 걸어놓거나, 프로젝트 위키에서 누구나 볼 수 있어야 한다.

방관하는 제품 책임자

제품 책임자는 스크럼마스터나 팀에 릴리스 계획 수립 활동을 위임해서는 안되며 적극적으로 참여해야 한다. 릴리스 계획 수립은 제품 백로그 그루밍과 마찬가지로 함께 하는 작업이기 때문에 제품 책임자의 완전한 참여가 필요하다. 사실, 제품 책임자가 릴리스 계획 수립 활동을 추진해야 한다. 제품 책임자는 제품 성공에 가장 먼저 책임을 지는 사람이기 때문에, 프로젝트를 능동적으로 이끄는 것이 가장 큰 관심사가 돼야 한다.

빅뱅 릴리스

4장에서 꼭 기억해야 할 한 가지가 있다면, 소프트웨어를 빨리 그리고 자주 릴리스하기 위해, 할 수 있는 모든 일을 해야 한다는 것이다. 모든 기능을 구현한 후에 제품을 출시하는 빅뱅 릴리스는 피해야 한다. 빅뱅 릴리스는 고객과 사용자의 피드백 수용을 어렵게 만들고, 사람들이 사랑하는 제품을 개발할 확률도 낮춘다. 또 다른 단점도 있다. 빅뱅 릴리스란 처음으로 소프트웨어를 배포하는 시점이 바로 출시일이라는 의미다. 이런 릴리스는 팀 구성원에게 커다란 스트레스가 되고, 결국 출시일을 놓치는 결과를 낳을 확률이 크다.

품질에 대한 타협

제품 책임자는 품질을 희생해서라도 더 많은 기능을 릴리스하려는 유혹에 빠지기 쉽다. 그 방법이 과거에는 빠른 진척을 이루는 일반적인 방법이었을 수도 있다. 여기 저기를 조금씩 잘라내고, 테스트를 조금 덜하고, 문서 작업을 조금 늦추는 것이다. 하지만 문제는 품질을 제치고 타협했을 때 팀에게 남는 것은 사용이 어렵고 유지보수와 확장에 더 많은 비용이 드는 제품뿐이다. 팀이 당장은 더 많은 일을 완료할 수도 있겠지만, 불과 몇 달만 지나도 결국 완료한 일은 그리 많지 않게 된다. 품질을 낮춘다면 팀이 자신들이 한 업무에 자부심을 갖기 힘들다. 장인정신과 훌륭한 실천사항들을 갉아먹는 것이다. 팀은 반드시 제품 증가분이 충족시켜야 할 명확한 완료기준을 가져야 하고, 제품 책임자는 그 기준을 각 스프린트 검토 때 적용해야 한다. 일부만 완료된 업무나 결함 있는 업무를 수용하는 일은 없어야 한다. 프로젝트에 시간 제약을 적용해 릴리스 계획 수립 작업을 단순하게 만들고 지속적인 혁신 체계를 수립해야 한다.

성찰

시장 반응을 보기 위해 제품을 공식적으로 출시할 때까지 기다릴 필요가 있을까? 빨리 그리고 자주, 하지만 고품질의 제품을 릴리스하는 것이 정답이다. 고객과 사용자의 초기 피드백을 통해 시장 반응을 알아보고, 그 내용을 소프트웨어에 반영시켜야 한다. 시장에 먼저 내놓고, 제대로 만들자.

- 시간과 품질을 동결시키고 기능을 유연하게 만든 결과는 무엇인가?
- 일찍 그리고 자주 릴리스하면 무엇이 좋을까? 그렇게 하기 위해 필요한 것은 무엇인가?
- 분기별 주기로 프로젝트를 구성하기 위해 필요한 것은 무엇인가?
- 당신이 속한 팀의 개발속도는 얼마나 되는가?
- 릴리스 소멸차트나 릴리스 계획을 활용하는가? 누가 만들고 개선하는가?

협력을 위한 스프린트 회의

예술가가, 독창적인 영감이 떠오르기를 기다렸다가 그런 영감이 반짝 떠오르면 힘들이지 않고 그 영감을 놀라운 걸작으로 탄생시킨다는 것은 근거 없는 말에 불과하다. 사실은 그렇지 않다. 혁신에는 헌신과 노력, 훈련이 필요하다. 미국의 유명한 화가이자 사진가인 척 클로스를 예로 들어보자. 그의 트레이드마크가 된 기법은 사진을 이용해 그림을 그리는 것으로, 캔버스를 작은 사각형으로 나눈 뒤 픽셀과 유사한 작은 것들로 대충 채워가는 것처럼 보인다. 그림을 감상하는 사람들은 그 사각형들을 가까이서 보지만, 뒤로 물러나서 보면, 그 이미지는 점차 초상화가 된다. 클로스는 자신의 작품에 대해 다음과 같이 설명했다.[59]

> 내 그림은 한 번에 하나씩 점진적으로 구현한 것으로, 그 방식은 작가가 작품을 쓰는 것과 마찬가지다. 점진적으로 작업할 때 좋은 점 중 하나는 매일 새로운 것을 재창조하지 않아도 된다는 것이다. 오늘 내가 한 일은 했던 일을 반복한 것이다. 작품을 집어 들었다가 다시 내려놓을 수도 있다. 영감을 얻기 위해 기다리지 않아도 된다. 좋은 날도 나쁜 날도 없다. 근본적으로, 그 전날 내가 한 작업을 긍정적으로 항상 발전시키는 것이다.

다행히, 단계적으로 제품에 생명을 불어넣기 위해 점진적으로 작업하는 방법이

스크럼에도 있다. 즉, 각 스프린트는 이전 스프린트의 결과를 기반으로 진행한다. 스프린트는 회의를 포함한다. 스프린트 계획 수립 회의로 스프린트를 시작하고, 일일 스크럼 회의를 통해 반복 내내 안정적인 리듬을 유지하고, 스프린트 검토 회의와 회고로 스프린트를 마무리한다. 모든 회의는 상호교류하고, 관계를 다지고, 공유하고, 협력하는 귀중한 기회다. 계획 수립 소프트웨어 립트의 제품 책임자인 제리 레이본은 다음과 같은 말로 동의했다.[43]

> 립트를 개발하는 데 걸린 1년 동안, 나는 2주에 한 번씩 열린 회의를 딱 한 번 놓쳤다. 그 회의를 놓치지 않으려고 했던 가장 큰 이유는, 많은 것을 배울 수 있었기 때문이다. 회의 자체가 정말로 재미있었다.

5장은 특히나 제품 책임자를 위한 내용이다. 제품 책임자가 직접 스크럼 회의에 참여하는 것과 팀이 효과적으로 협력하는 것에 대해 조언하고자 한다.

스프린트 계획 수립

스프린트 계획 수립 회의는 팀이 작업을 계획하고 스프린트 목표에 전념하게 해주는 것으로, 자기 조직화를 위한 기초를 다지는 것이다. 제품 책임자는 스프린트 계획 수립 회의 전에 제품 백로그 아이템의 우선순위를 모두 정했는지, 가장 높은 우선순위를 가진 요건은 상세히 정의했는지 확인해야 한다. 또한 요구사항을 명확하게 전달하고, 관련 질문에 대답하기 위해 스프린트 계획 수립 회의에도 참석해야 한다.

스프린트 계획 수립을 하는 동안 제품 책임자의 역할은 스크럼 팀에게 무엇을 완료해야 하는지에 대해 이해시키는 것이다. 팀은 작업을 어느 정도 할 수 있고, 어떻게 해야 하는지 파악해야 한다. 제품 책임자는, 얼마나 많은 작업을 스프린트로 끌어와야 하는지를 팀에게 얘기해주거나 팀을 대신해 작업을 파악해서는 안 된다. 이는 모두 팀이 해야 할 일이다. 팀은 실질적으로 개발할 수 있을 만큼의 작업량만 책임져야 한다. 팀 역량과 능력에 맞는 작업량으로 스프린트를 제한하면 일의 일관성을 유지할 수 있다. "개발하는 사람, 지원하는 사람, 그리고 사용자 모두는 끊임없이 지속 가능한 속도를 유지할 수 있어야 한다."[41] 한 번의 스프린트에 야망이 큰 목표를 달성하려다 보면, 다음 스프린트에 지치기 때문에 결과적으로 전혀 도움되지 않는다. 스크럼은 제품 백로그에서 스프린트로, 순조롭고 지속적으로 일을 진행시키려 한다. 잘못된 야망보다는 신뢰가 더 소중한 것이다. 신뢰는 현실적인 예측을 위한 전제조건이다. 게다가 스트레스가 심하면 창의력이 떨어지고 재미도 사라진다.

일을 책임지고 완료하는 것이 일의 결과를 보장하는 것은 아니다. 새로운 팀이 스프린트 목표를 달성하는 법을 배우는 데 두세 번의 스프린트가 소요될 수도 있다. 소프트웨어 개발은 명확하지 않은 것 투성이며, 혁신에는 불확실성과 위험이 따른다. 머피의 법칙에도 있듯이, 잘못될 가능성이 있는 것은 잘못되기 마련이다. 위험은 실제로 나타날 수 있으며 문제가 항상 신속하게 해결되지 않을 수도 있다. 예외적이기는 하지만, 스프린트 목표를 달성하지 못하는 일이 발생하기도 한다. 그런 일이 발생하면, 스프린트 회고를 통해 근본 원인을 밝혀내고 개선 방법을 찾아야 한다.

완료기준의 정의

팀은 작업 완료 시점을 어떻게 알 수 있을까? 제품 책임자는 아이템을 성공적으로 완료했는지 아닌지 어떻게 판단할 수 있을까? 그 해답은 완료기준에 서로 합의하는 것이다. 완료기준이란, 모든 제품 증가분이 충족시켜야 하는 기준을 설명한 것이다. 제품 백로그 아이템을 충분히 테스트하고, 적절한 문서화작업도 마쳤으며, 동작하는 소프트웨어를 만들었다는 의미를 나타낸다. 스프린트 내에서는 요구사항을 구현하고 테스트하고 문서를 만든다. 비전 수립 스프린트는 예외로, 스프린트 목표는 출시 가능한 소프트웨어를 개발하는 것이 아니라 제품 비전을 갖출 수 있는 관련 지식을 생성하는 것이다. 비전 수립 스프린트는 나름대로 독자적인 완료기준이 있다.

첫 번째 스프린트 전에, 제품 책임자는 스크럼마스터와 팀을 만나, 모든 제품 증가분이 충족시켜야 할 속성을 정의한 완료기준부터 정해야 한다. 내가 일했던 프로젝트에서는 완료기준에 단위 테스트의 검증 범위 등 구체적인 목적을 포함시키기도 했다. 완료기준에 모두 동의하면, 이를 문서로 작성한 후 프로젝트 내내 누구나 볼 수 있게 한다.

일일 스크럼

일일 스크럼 회의를 하면 팀은 일 단위로 작업을 관리하고 장애물을 발견할 수 있다. 제품 책임자는 일일 스크럼 회의에 가능하면 참석해야 한다. 그 회의는 진행상황을 이해하고, 팀에 어떤 도움이 필요한지 알아볼 수 있는 좋은 기회다. 제품 책임자는 질문에 대한 답을 해주거나, 작업 결과를 검토하거나, 장애물을 제거하는 데 도움을 줄 수도 있다. 정보를 공유하고, 제품 책임자가 현재 어떤 업무를 하고, 앞으로는 어떤 업무를 할지 팀에게 알려줄 수도 있다. 제품 책임자의 업무 내용을 공유하면 팀은 프로젝트의 사소한 부분부터 릴리스 수준의 활동까지 프로젝트 전반에 대한 귀중한 정보를 제공받을 수 있다.

일일 스크럼 회의에 참석할 때는 팀의 자기 조직화를 방해하지 않도록 조심해야 한다. 작업을 파악하거나 할당하지 말고, 개인이 달성한 성과에 대해 말로든 몸짓으로든 어떤 의견도 피력하지 말아야 한다. 진척상황에 관심이 있다면, 질문과 같은 건설적인 방법으로 의견을 공유해야 한다.[1] 예를 들어, 스프린트 목표에 도달할 수 있을지 걱정된다면, 다음과 같이 말할 수 있다. "스프린트 소멸차트를 보니 아직 업무가 많이 남은 것 같네요. 혹시 문제가 되지는 않을까요?"와 같이 질문을 통해 팀이 스스로 깨닫고 조치를 취할 수 있게 한다.

장애물

해결하지 않은 문제는 어두운 곳에서 자라는 버섯처럼 빠르게 확산된다. 그것이 바로 스크럼에서 장애물 관리를 강조하는 이유다. 스크럼 진행에 걸림돌이 되고 프로젝트에 해가 되는 문제를 인식하고 해결해야 한다. 팀 구성원은 일일 스크럼 회의에서 장애물에 대한 안건을 내고, 스크럼마스터는 가능한 조속히 그 문제를 해결한다. 문제를 해결하느라 프로젝트가 느려지는 것 같아도, 문제를 먼저 해결하면 차후에 발생할 수 있는 더 큰 문제를 방지하고 심각하게 지연되는 일 또한 막을 수 있다. 린 경영 전문가인 파스칼 데니스는 "문제는 보물과도 같다. 문제를 통해 배우고 향상시킬 수 있는 기회를 얻을 수 있다."라고 했다.[7]

1 정보를 전달하기 위해 질문을 하는 것을 소크라테스법이라고도 한다. 이는 철학을 가르치는 데 질문을 사용한 것으로 유명했던 고대 그리스의 철학자 소크라테스로부터 유래했다.

스프린트 백로그와 스프린트 소멸차트

스프린트 백로그에는 스프린트 목표를 달성하는 데 필요한 모든 활동이 들어있다. 팀은 스프린트 계획 수립 회의에서 스프린트 백로그를 작성하고 최소한 하루에 한 번씩, 주기적으로 백로그를 개선한다. 개선할 때, 새로운 활동을 추가하거나, 중복이나 불필요한 활동은 제거한다. 팀은 또한 각 작업에 남아있는 일을 기록한다. 모든 사람들이 볼 수 있도록 팀 공간 내 작업 현황판에 상황을 공유하면서 일하는 것이 좋다. 스프린트 소멸차트는 진행 상황과 스프린트 목표 달성 가능성을 보여준다. 팀은 차트를 보고 스스로 작업을 조정할 수 있다.

스프린트 백로그와 스프린트 소멸차트는 자기 조직화를 촉진시켜, 근본적으로 팀에 도움을 준다. 이 두 가지 산출물은 제품 책임자가 팀이 맡은 업무를 완료할 수 있는지 없는지 파악하는 데 도움을 주지만, 이들 산출물은 이해당사자에게 보고하기 위한 수단이 아니다. 고객이나 경영진 같은 이해당사자가 스프린트 진행 상황을 궁금해 한다면, 일일 스크럼 회의에 참석해 조용히 관찰하거나 스프린트 검토 회의에 활발한 참석자로 참여하는 것이 좋다.

스프린트 검토

스프린트 검토 회의는 성공적인 제품을 개발하는 데 도움을 준다. 회의를 통해 스크럼 팀은 이해당사자와 협력할 기회를 얻는다. 이 기회는 모든 것이 계획대로 진행된다고 가정하기보다는, 현재까지 이뤄진 실질적인 제품 개발을 살펴보고 향후 방향을 결정하는 시간이다. 이해당사자는 마케팅, 영업, 서비스 팀 대표자와 고객 및 사용자다. 프로젝트, 프로그램, 그리고 포트폴리오 관리 소프트웨어 솔루선 제공업체인 프리마베라 시스템즈 사의 스프린트 검토 회의에 참석했던 고객과 나눴던 대화를 나는 아직도 생생히 기억한다. 그는 그 회의가 매우 귀중한 시간이었다고 했으며, 투명성에 만족했고, 제품 개발에 영향력을 발휘할 수 있는 기회가 있는 것에 감사했다. 회의 준비 작업은 최소한으로 해야 한다. 회의는 쇼가 아니므로 많은 이목을 끌지 않아야 한다. 팀은 공식적인 프리젠테이션이나 슬라이드 사용을 자제해야 한다. 회의 목적은 감동을 주거나 흥미를 일으키기 위해서가 아니라, 투명성을 제공하고 제품을 살펴보고 수정하기 위함이다.

제품 책임자는 진척상황을 파악하면서 실제 제품을 목적하는 제품으로 만들기 위해, 제품 증가분과 스프린트 목표를 비교하는 것으로 회의를 시작한다. 제품 증가분을 면밀히 조사하고 팀이 개발한 각 제품 백로그 아이템을 수용하거나 거부한다. 가장 좋은 방법은 키보드를 잡고 테스트를 해보는 것이다. 완료기준에 부응하고, 사용자스토리를 바탕으로 인수 조건을 충족시킨, 제품 백로그 아이템만을 수용해야 한다. 완료되지 않았거나 결함 있는 아이템은 절대 수용할 수 없다. 그런 아이템은 0점을 받고, 다시 제품 백로그에 들어가야 한다. 일부만 완료된 작업 리스트는 진척상황에 먹구름을 드리우고 릴리스 소멸차트에 편차를 만든다.

팀에게 피드백을 줄 때는 항상 명확하고 건설적인 메시지를 줘야 한다. 팀 노력과 호의를 존중하고, 솔직하고 정직하게 말한다. 달성한 성과에 만족한다면 팀을 칭찬해주고, 실망했다면 실망했다고 말한다. 피드백을 주면서 잊지 말아야 할 점은, 스프린트 목표 달성이 팀 단위 노력이라는 점이다. 개인을 지적해 말하기 보다는, 팀 전체를 대상으로 말한다. 제품 책임자의 동료인 스크럼 팀 구성원을 존중하고, 스스로의 의도와 행동에 주의를 기울이며, 팀이 전진하는 데 어떻게 도움을 줄 수 있는지 스스로에게 질문해본다.[2]

---

2 스크럼에서는 서로를 존중하는 것이 매우 중요하며, 이는 다섯 가지 가치 중 하나다.[12] 나머지 네 가지는 참여, 집중, 개방, 용기다.

진척상황을 파악하고 나면, 이해당사자에게 제품 증가분에 관한 피드백을 구한다. 이해당사자가 이 제품을 좋아하는가? 제품을 성공시키기 위해 제품을 수정한다면 어떻게 해야 할까? 비전이 여전히 유효한가? 빠진 기능이 있거나 기능이 지나치게 많지는 않은가? 피처가 잘못 구현됐는가? 룩앤필을 고쳐야 하는가? 그렇다면, 왜 그런가? 새로운 요구사항을 발견하거나 제품 백로그 아이템 중복을 발견할 수도 있다. 이해당사자의 피드백을 받는다는 것은, 제품 책임자와 팀이 그들의 눈을 통해 제품 증가분을 보는 것으로, 집단사고의 위험을 감소시킨다. 훌륭한 피드백을 얻기 위해서는 이해당사자의 기대치를 관리해야 한다. 초기 제품 증가분은 최종 제품과는 유사점을 찾기가 쉽지 않으며, 새로운 아이디어와 요구사항이 비전을 뒷받침해야 한다는 점을 설명해야 한다. 또한, 우선순위와 그루밍 작업에 따라 새로운 아이디어를 구현하기까지, 이해당사자들이 한두 번의 스프린트를 더 기다려야 할 수도 있다는 점을 이해시켜야 한다.

적시검토

제품 책임자는 스프린트 검토 회의에서 작업 결과에 대한 피드백을 얻을 때까지 기다릴 필요가 없다. 결과가 스프린트 중에 나타날 수도 있으므로 바로 검토를 수행하는 것도 괜찮다. 적시검토를 통해 팀은 스프린트 중에도 결과를 수정할 수 있는 기회를 얻을 수 있다. 적시검토는 스프린트에서 개발할 제품 백로그 아이템이 며칠 내에 다 완성할 수 있을 정도로 규모가 작은 경우에 가장 효과가 있다.

스프린트 회고

스프린트 회고를 통해 스크럼 팀은 작업 방법을 살펴보고, 문제와 원인을 파악하고, 일을 더 즐겁고 효과적으로 만드는 개선 방안을 발견할 수 있다. 이와 같은 회고의 핵심을 잘 요약해주는, "회고는 개선을 위한 첫 단계다Selbsterkenntnis ist der erste Schritt zur Besserung."라는 독일 속담도 있다.

제품 책임자는 정기적으로 스프린트 회고에 참석해야 한다. 회의에 참석하면 개선 방안에 기여하고, 스크럼 팀의 나머지 구성원들과의 관계도 돈독히 할 수 있다. 다음은 어느 고객사에서 있었던 스프린트 회고 사례다. 스프린트 검토 회의에서 제품 책임자와 팀이 갖고 있던 기대치가 달랐다는 것이 드러났고, 제품 책임자는 완성된 대부분의 제품을 거부했다. 팀 구성원들은 자신들이 일을 제대로 했는데도 불구하고 검토 결과가 나빠 화가 났고, 제품 책임자는 팀에게 실망했다. 나는 스프린트 회고를 통해 분위기를 바꾸고, 무슨 일이 일어났는지를 분석하기 위해 근본 원인을 파헤쳤다. 상황에 대한 건설적인 논의 후, 스크럼 팀은 두 가지 중요한 개선 방안을 찾았다. 첫째는 제품 책임자가 팀과 더 많은 시간을 보내도록 노력하고, 둘째는 제품 책임자가 제품 백로그를 그루밍하는 작업을 팀 구성원이 돕는 것이었다. 제품 책임자가 회고 회의에 참석하지 않았다면, 팀은 올바른 방법을 찾는 데 힘들었을 것이다.

팀의 발목을 잡는 것이 무엇이고 그 근본 원인이 무엇인지 알아냄으로써 최고의 팀이라도 더욱 발전할 수 있다는 사실을 인식해 지속적인 개선을 이뤄야 한다. 모든 개선 방안은 실행 가능해야 하며, 대부분은 그 다음 스프린트에 적용할 수 있어야 한다. 새로운 빌드 서버를 구매해서 설치해야 하는 것처럼 규모가 큰 개선안이 필요할 경우에는 제품 백로그에 추가한다.

대규모 프로젝트의 스프린트 회의

대규모 프로젝트도 스크럼 회의 일정을 따라야 하지만, 일부 회의는 수정이 필요하다. 어떤 변경이 필요한지 살펴보자.

연합 스프린트 계획 수립

여러 팀이 함께 스프린트 계획 수립 회의를 실시하려면 추가적인 준비작업이 필요하다. 추가 작업이란, 3장과 4장에서 설명한 것처럼, 그루밍의 범위를 넓히고 앞을 내다보는 계획 수립 실시를 말한다. 대규모 프로젝트는 팀 또는 각 팀의 대표자들이 스프린트 계획 수립 회의 초반에 모여, 모든 팀이 기여해야 하는 스프린트 목표에 대해 논의하고 이해하는 활동으로부터 많은 이점을 얻을 수 있다. 팀이 개별적으로 스프린트 계획 수립 활동을 마치고 나면, 해당 스프린트 내에서 성취해야 하는 전체 프로젝트 계획을 파악하기 위해 다시 한 번 팀 모두가 모이는 편이 좋다.

스크럼의 스크럼

스크럼의 스크럼 회의는 여러 팀이 스프린트 내내 날마다 조율할 수 있는 시간이다. 팀 대표는 각 팀의 일일 스크럼 회의가 끝난 후 따로 만나, 팀 현황과 계획된 업무, 팀 간 의존도에 대해 논의한다.[13] 스크럼의 스크럼 회의는 그 성격상 구체적인 상황과 관련된 전술적인 수준에서 진행된다. 스크럼의 스크럼 회의를 통해 미래를 내다보는 계획 수립과 같은 스프린트 준비 작업을 대신할 수는 없다.

연합 스프린트 검토

한두 팀과 고객, 경영진, 이해당사자와 함께 효과적인 스프린트 검토 회의를 갖는 것 자체가 어려운 일이다. 다섯이나 열 이상의 팀과 회의를 한다면, 진척상황을 모두 이해하고 향후 방향을 정하기는 훨씬 더 어렵다. 프리마베라 사는 최대 15개 팀이 참여하는 자사의 스프린트 검토 회의를 관리할 수 있는 훌륭한 방법을 발견했다. 프리마베라의 개발부문 전 부사장인 밥 샤츠는 그 방법을 다음과 같이 설명했다. "우리가 한 스프린트 검토 회의는 학교에서 열리는 과학 전시회라고 보는 것이 좋습니다. 각 팀이 자신들이 작업한 것을 보여줄 부스를 하나씩 세웁니다. 최종 사용자, 이해당사자, 그리고 회사 사람 몇몇이 작은 팀을 구성합니다. 검토를 담당하는 팀은 각자 다른 부스에서 시작합니다. 검토 담당 팀이 15분 단위로 부스를 돌아다닙니다. 열정이 가득하고, 흥분되며, 재미있는 상황이었습니다."[3] [56] 팀과 이해당사자를 한 공간에 모으면 모든 사람이 함께 소통하고 공유할 수 있다. 회사 빌딩 내에서 하기 어렵다면, 두 번에 한 번 꼴로 검토 회의를 컨퍼런스를 열 수 있는 다른 장소에서 실시하는 것을 고려해 볼 수 있다.

연합 스프린트 회고

팀 자체로 스프린트 회고를 하면서 대규모 스크럼 프로젝트를 향상시키는 방법을 구현하는 것도 좋지만, 그것만으로는 충분하지 않다. 최상의 결과를 위해서는 여러 팀이 함께 공동으로 향상 방법을 찾아보고 상호 간 통찰력을 공유해야 한다. 연합 스프린트 회고는 팀 간 통찰력을 공유하는 기회를 준다. 연합 회고를 실시하는 효율적인 방법은 팀 단위로 대표자를 참여시키는 것이다. 이 방식으로 팀 전체 의견을 공유할 수는 있지만, 프로젝트 모든 구성원의 창의성과 지식을 활용할 수는 없다. 다른 형태로는, 모든 팀과 함께하는 연합 회고가 있다. 이 연합 회고는 반나절 또는 그 이상의 시간이 소요돼 비용도 많이 들지만, 팀 공동의 지혜

3 제품 책임자는 검토자들에게 작업 결과를 보여주는 일을 도왔다.

를 활용하고 팀 구성원 간 교류를 통해 팀 간 관계를 더욱 강화해준다. 연합 회고를 여는 좋은 방법은 프로젝트 구성원이 문제에 관련해 스스로 조직을 향상시킬 수 있도록 열린 공간을 활용하는 것이다.[31] 두 가지 옵션을 묶어서 사용할 수도 있다. 예를 들어, 팀 대표가 모이는 회의는 반드시 이행하고, 모든 팀 구성원이 참석하는 연합 회고는 세 번의 스프린트마다 실시할 수도 있다.

흔히 하는 실수

제품 책임자가 일반적인 실수를 피할 수 있다면 스크럼마스터나 팀과 밀접하고 신뢰하는 협력관계를 발전시킬 수 있다. 예를 들면 번지[bungee] 제품 책임자, 수동적인 제품 책임자, 지속 불가능한 속도, 속임수, 스프린트 소멸 보고 등이다.

번지 제품 책임자

번지 제품 책임자는 스프린트 계획 수립에 나타났다가 사라지고, 다시 스프린트 검토 회의에 다시 나타난다. 번지 제품 책임자는 스프린트 기간 중에는 팀과 함께하는 업무가 제한적이거나 아예 없다. 그러다 보니 제품 책임자에게 전화나 이메일로 연락하는 것조차 어렵다. 스크럼마스터나 팀 구성원이 가끔 그 빈자리를 메우고 프록시 제품 책임자 대리인 역할을 한다. 제품 책임자 대리인이 있기 때문에 팀은 일을 계속 수행할 수는 있지만, 문제에 내재된 근본 원인을 해결하지는 못한다. 제품 책임자는 제품 성공에 없어서는 안 될 존재다. 그러므로 제품 책임자 역할을 반드시 가장 높은 우선순위에 놓아야 한다. 제품 책임자는 팀과 함께 현장에서 충분한 시간을 보내면서 질문에 답하고 작업을 검토하고 장애물을 제거해줄 수 있어야 한다.

수동적인 제품 책임자

팀 공간은 북적댔다. 제품 책임자, 스크럼마스터, 팀, 사용자, 그리고 소수의 상위 관리자가 컴퓨터 화면을 보고 있었다. 컴퓨터 앞에 있는 테스트 담당자는 자신이 데모를 통해 보여주는 기능을 설명하는 데 최선을 다하고 있었다. 제품 책임자는 의외로 불편해 보였다. 천천히 스크린에서 멀어졌다. 가끔은 고개를 끄덕이며 "그렇지."라고 했다. 10분이 지나자 데모가 끝났다. 스크럼마스터가 제품 책임자를 쳐다보며 물었다. "지금 본 게 마음에 드세요?" 제품 책임자는 한 번 더 고개를 끄덕이고는 말했다. "잘 했네요." 그러고는 일어나서 방을 나갔다. 스크럼 팀 구성원들은 침묵 속에서 서로를 쳐다볼 뿐이었다. 그러자 스크럼마스터가 말했다. "회고할 시간이군."

이 짧은 이야기는 내가 꾸며낸 이야기가 아니다. 그리고 이런 일을 딱 한 번만 목격한 것도 아니다. 안타깝게도, 스프린트 검토 회의에서 수동적인 구경꾼처럼 행동하는 제품 책임자를 꽤 많이 봐왔다. 검토 회의는 가서 보기만 하는 쇼가 아니다. 검토 회의 목적은 함께 성공적인 제품을 만들기 위한 기회를 극대화하기 위해 무엇을 해야 할지 알아내는 것이다. 제품 책임자는 제품을 올바른 방향으로 진화시키기 위해 회의에 적극적으로 기여해야 한다.

지속 불가능한 속도

"스프린트 사이에 휴식 시간은 없습니다. 새 스프린트는 바로 다음날부터 시작합니다." 내가 그렇게 설명하자, 참석자 한 사람이 손을 들고 물었다. "그러면 팀이 어떻게 회복을 합니까?" "휴식이나 회복은 필요 없습니다." 나는 대답을 하고 나서, 절망에 빠진 얼굴들을 들여다 봤다. 어떤 사람들은 고개를 젓고 있었다. 나는 이어서 말했다. "여러분은 팀이 적절한 양의 업무를 맡고 있는지 확인해야 합니다. 여러분은 팀이 지치지 않고 또 과로하지 않으면서, 실질적으로 제품 증가분으로 변환시킬 수 있는 양의 제품 백로그 아이템만 맡고 있는지 확인해야 합니다."

제품을 개발하는 것은 마라톤을 뛰는 것과 같다. 완주하려면 안정된 속도로 달려야 한다. 하지만 대다수 제품 책임자들이 팀에게 더 많은 업무를 맡도록 압력을 행사하는 실수를 한다. 단기간에 개발속도를 높이는 것은 가능하지만 지속할 수는 없다. 사실 역효과를 낳는다. 스프린트가 죽음의 행진처럼 변질될 수 있다. 사람들이 빨리 지치고, 병 나고, 프로젝트를 떠난다. 제품 책임자는 릴리스 소멸이 어떤 모양새를 하더라도 팀 권한을 존중해야 한다. 진행이 너무 느리다면, 사람들에게 더 많은 시간을 내서 일하도록 괴롭히기보다는 모든 사람들을 불러모아 창의적이고 건전한 해결방법을 찾아야 한다.

속임수

나는 어린 시절, 놀이 기구와 쇼가 벌어지는 동네 축제에 가기를 좋아했다. 그중 이상한 이미지를 거울에 투영해 거짓말 같은 환영을 만들어냈던 미로가 기억에 많이 남는다. 화려한 슬라이드를 보여주거나 완료기준에 부합하지 않는 결과를 제시하는 스프린트 검토 회의는 미로와 같다. 그것은 그냥 보여주기 위한 쇼, 속임수일 뿐이다. 투명성을 위해 그 공간에 누가 있든지, 스프린트 검토 회의가 진정성을 갖도록 팀을 장려해야 한다(팀은 스스로 완료기준에 부합한다고 믿는 작업 결과만 데모로 보여줄 수 있다).

스프린트 소멸 보고

어떤 기업은 스프린트 소멸차트를 현황 회의에서 프로젝트 보고서로 쓰거나 간부들에게 보고하는 문서로 쓴다. 두 경우 모두 그 차트를 오용하는 것이다. 스프린트 소멸차트의 주된 목적은 팀이 일 단위로 진행상황을 확인하고, 필요 시 작업을 수정하는 데 도움을 받기 위함이다. 스프린트 소멸차트는 현황보고서가 아니다. 스프린트 소멸차트를 보고용 도구로 사용하면, 소멸차트가 곧 통제 수단으로 변질된다. 경영진이 스프린트 상황을 주기적으로 보자고 한다면, 그것은 신뢰가 없다는 명확한 증거다. 제품 책임자가 이해당사자를 일일 스크럼 회의나 스프린트 검토 회의에 초대한다면 그런 상황을 해결하는 데 도움된다. 진척상황에 대해 보고한다면, 릴리스 소멸차트나 릴리스 계획만을 사용해야 한다(더 많은 확인이나 수정 기회가 필요하고, 이것이 잠재된 문제점이라면 스프린트 기간을 줄일지 고려해야 한다).

성찰

제품 책임자는 팀을 이끌고 팀에게 영향을 주는 사람이다. 따라서 제품 책임자의 행동은 매우 중요하다. 스스로 의도와 행동을 자주 되돌아봐야 하며, 팀 기반으로 활동해야 하고, 개방적이고, 뒷받침하는 데 노력을 아끼지 말아야 한다. 강단도 있어야 하고, 스프린트 회의에서 어려운 피드백 주는 것을 두려워할 필요는 없다. 제품 책임자의 행동을 성찰하는 데 다음과 같은 질문이 도움될 것이다.

- 팀의 자기 조직화를 해치지 않으면서 스프린트 계획 수립 회의에서 팀에게 도움을 줄 수 있는 방법은 무엇인가?
- 일일 스크럼 회의에 효과적으로 기여하는 방법은 무엇인가?
- 작업 결과에 대해 일찍 피드백을 주려면, 어떻게 해야 팀과 밀접하게 협력할 수 있을까?
- 스프린트 검토 회의를 좀더 효과적이고 재미있게 만드는 방법은 무엇인가?
- 스프린트 회고에 참석하는가? 참석하지 않는다면, 참석하기 위해 필요한 것은 무엇인가? 참석해서 얻는 이점은 무엇인가?

6장 제품 책임자로의 역할 전환

처음으로 제품 책임자 역할을 맡은 폴을 만났을 때 그는 이렇게 물었다. "제가 정말로 해야 할 일은 무엇이고, 그 일을 하는 데 시간은 얼마나 걸릴까요?" 폴은 날마다 할 책임이 무엇인지 다시 확인하고 싶어 했다. 특히나, 일해야 할 시간과 상사로부터 받을 수 있는 지원에 대해서 걱정했다. 하지만 폴만 그런 것은 아니다. 대다수의 신참 제품 책임자들은 자신의 업무에 대해 제대로 이해하지 못하며 어떻게 하면 새 역할로 가장 잘 전환할 수 있는지 모른다. 처음으로 제품 책임자가 되는 것은 힘든 일일 수 있으며, 개인적인 변화 뿐 아니라 조직적인 변화 또한 필요한 일이다. 이와 같은 변화는 어렵기도 하고, 때로는 고통스럽기까지 하다. 6장은 제품 책임자 역할로 전환하거나, 스크럼을 도입하는 관리자를 대상으로 한 것이다. 스크럼으로의 전환에 관해 자세한 실천사항을 살펴보려면 슈와버[13]와 콘[1]의 저서를 참고하라.

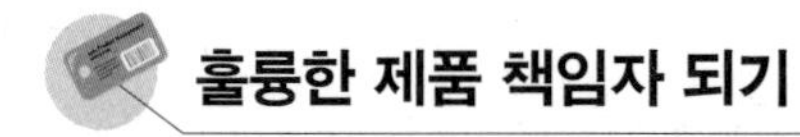

훌륭한 제품 책임자 되기

훌륭한 제품 책임자가 되는 것은 시간이 걸리는 일이며, 헌신이 필요하다. 제품 책임자로 전환하고 그 역할을 제대로 수행하는 데 필요한 사항들은 다음과 같다.

너 자신을 알라

훌륭한 제품 책임자가 되기 위한 첫 단계는 자신이 누구인지를 알고 전문가로 어떻게 발전하고 싶은지를 파악하는 것이다. 자신이 가진 기술과 능력을 돌아보고, 그 기술과 능력을 제품 책임자가 맡은 책임과 비교해보면서, 제품 책임자 업무 중에서 어렵거나 고생할 것이라 생각되는 부분을 찾아야 한다.

1장에서 언급했듯이, 제품 책임자 역할은 다면적이다. 필요한 모든 기술을 다 보유한 신참 제품 책임자를 찾는 것은 어려운 일이고, 어쩌면 불가능한 일이다. 대부분의 경우, 본인이 갖고 있는 지식이나 기술과 필요한 역량 사이에 차이가 있을 것이다. 예를 들면, 존은 고객과 교류하고 제품 로드 맵 작성에는 전문가지만, 사용자 스토리를 작성하고 릴리스 계획을 만드는 기술은 부족하다. 반면, 제인은 요구사항 작성에 경험이 많고 릴리스 계획 수립에는 익숙하지만 비전 만드는 기술은 부족하다. 이 경우, 두 사람 모두 자신들의 강점을 부각시키고 단점을 보완해야 한다. 『애자일 팀 코칭하기Coaching Agile Teams』의 저자 리사 애드킨스는 신참 제품 책임자에게 표 6.1에 나와있는 조언을 해준다.[1]

1 2009년 6월 29일 리사 애드킨스와의 사적인 대화 내용에서

표 6.1 제품 책임자가 해야 할 일과 하지 말아야 할 일

해야 할 일	하지 말아야 할 일
완료해야 할 일 정의	일을 하는 방법이나 소요 시간 정의
팀에게 도전의식 심어주기	팀을 협박하기
고효율 팀 구성에 관심 갖기	단기적 성과에만 집중하기
사업적 가치 추구	기존 범위 및 "어쨌든 한다" 방식 고수
외부 잡음으로부터 팀을 보호하기	잠재적 변화가 현실이 될 때까지 팀을 걱정시키기
스프린트 사이에서 변화를 수용하기	스프린트 내부로 스며드는 변화를 허용하기

발전과 성장

자신 속에 잠재된 최고의 개발 능력이 어느 분야에 있는지를 파악하면 올바른 훈련 방법을 선택할 수 있다. 제품 책임자가 되고 싶은 사람이라면, 대부분의 관련 지식을 신속하게 습득할 수 있는 스크럼 제품 책임자 과정에 참석하면 좋다. 하지만 지식만이 전부는 아니다. 새로운 제품 책임자로서 애자일 정신을 포용하고 스크럼 가치에 따라 살아야 한다. 제품과 팀을 책임지고, 제품 책임자 역할에 집중하고, 솔직해야 하며, 투명성을 조성해야 하고, 함께 교류하는 사람들을 존중하고, 올바른 일을 하고 올바른 방식으로 행동할 수 있는 용기를 가져야 한다.[12] 팀과 함께 일하고, 동료인 스크럼 팀 구성원을 신뢰하는 것이 중요하다.

제품 책임자라는 역할에 익숙해지기까지는 시간이 필요하다. 처음부터 완벽한 역할 수행을 기대하는 것은 비현실적이다. 실수란 배우는 과정의 일환이다. 끈기 있게, 그러나 현실에 안주하지는 말아야 한다. 제품 책임자로서 업무를 시작하면, 자신의 장점과 단점을 좀더 명확하게 파악할 수 있다. 스프린트 회고를 통해 스크럼마스터와 팀에게 자신의 성과에 대한 피드백을 받고 그 피드백에 맞춰 자신을 변화시켜야 한다.

코치 들이기

제품 책임자 과정에 참석하고 스크럼에 관한 책을 읽는 것 외에도, 신참 제품 책임자는 코치를 통해 많은 것을 배울 수 있다. 코치는 거울과 같은 역할을 하므로 새 제품 책임자는 자신이 한 말과 행동이 미치는 영향을 좀더 확실하게 살펴볼 수 있다. 6장 앞부분에서 언급했던 제품 책임자인 폴의 예를 다시 들어보자. 내가 폴을 코치하기 시작했을 때, 폴은 개발 팀과 밀접하게 일하는 데 익숙하지 않았다. 특히 스프린트 검토 회의를 불편하게 여겼고, 심한 피드백을 주기도 했지만, 비정상적으로 조용히 있기도 했다. 폴은 필자가 그 점을 지적할 때까지 자신의 행동을 깨닫지 못했다. 폴에게 그 문제를 알려주고 나자, 검토 회의는 모든 사람에게 좀더 효과적이고 흥미롭게 변하기 시작했다. 폴에게 특히 도움됐던 가르침은 "죄는 미워하되 사람은 미워하지 말라."는 말이었다. 코칭 이후, 폴은 건설적인 방법으로 문제를 해결하고 팀이 보여준 성의와 노력을 인정하기 시작했다.

매우 효과가 있는 또 다른 코칭 방법은 견습과정을 두는 것이다. 고객 중 한 명의 예를 들어보자. 어느 사업부의 부서장이었던 사라는 신제품의 첫 번째 릴리스를 책임질 제품 책임자로 선택 받았다. 사라는 장기적으로 자신이 제품 책임자로 있을 만큼 충분한 시간이 없다는 것을 재빨리 알아챘다. 프로젝트가 시작되자마자, 사라는 직원 중 한 명인 톰을 보조로 참여시켰다. 그 과정에서 톰은 일을 배울 수 있는 시간을 벌었다. 첫 번째 릴리스가 성공적으로 배포되자, 사라는 제품 책임자 역할을 톰에게 순조롭게 넘길 수 있었다.

적절한 직책의 상사로부터 지원받는지 확인하기

제품 책임자로서 효과적으로 일하기 위해서는 경영진의 지속적인 신뢰와 지원이 필요하다. 기업과 환경에 따라 다르지만, 제품 관리 부사장이나 사업부 부서장, 리더십 팀, 또는 CEO가 적절한 후원자다. 필요한 관심과 지원을 받기 위해서는 각자 가진 역할의 중요성과 권한, 그리고 책임 범위에 대해 경영진을 일깨워 줄 필요도 있다. 적절한 직책의 경영진으로부터 후원을 받지 못한다면 제품 책임자의 권한이 부족해지며 따라서 일을 제대로 하기 어려워진다.

아직 완료한 것이 아니다

새로운 일을 시작한 지 몇 달이 지나고 초기에 겪었던 장애물을 극복하고 나면, 그 역할에 자리를 잡았다는 생각을 하기 쉽다. 그 단계에 이른 것도 훌륭하지만 거기서 멈추지 말고, 지속적으로 자신이 한 업무를 회고하면서 성장하고 발전을 계속해야 한다. 동료인 스크럼 팀 구성원들이 주는 피드백에 귀 기울이고, 아직 부족한 지식이나 기술을 개발해야 한다. 계속 발전하기 위한 좋은 방법은 제품 책임자 커뮤니티에 가입하는 것이다. 그곳에서 다른 제품 책임자와 교류하고, 아이디어와 경험을 교환하고, 통찰력을 공유하고, 정기적인 제품 책임자 워크샵 등을 통해 최고의 실천방안 사례들을 찾아낸다.[2]

훌륭한 제품 책임자 개발

제품 책임자가 개별적으로 업무를 훌륭히 해내는 동안, 제품 책임자들이 발전할 수 있는 고무적인 환경을 조성하기 위해, 스크럼 도입을 이끄는 관리자들이 할 수 있는 일이 많다. 여기서는 리더나 관리자가 제품 책임자를 위한 환경 조성 관련해서 할 일을 설명하겠다.

2 콘[1]은 스크럼 도입을 권장하는 발전 커뮤니티에 대해 더 자세하게 설명한다.

역할의 중요성 인식

수석 관리자들은 반드시 제품 책임자 역할의 권한과 책임, 그리고 그 권한과 책임이 조직에 미칠 수 있는 영향력을 인정해야 한다. 그 부분을 인정하는 것은 애자일 제품 관리가 효과를 발휘하는 데 중요할 뿐 아니라, 스크럼 적용의 중요한 성공요인이다. 켄 슈와버도 이 부분에 동의한다.[13]

> 최근까지도 나는 [제품 관리와 개발] 관계를 스크럼 도입으로 발생하는 여러 변화 중 하나로만 봤었다. 이제는 그 관계를 가장 중요한 변화, 즉 스크럼 도입의 핵심으로 본다. 변화가 성공적이면 스크럼 사용도 지속되고, 이로 인한 혜택도 증가한다. 변화가 성공적이지 못할 때, 스크럼은 조직에서 아무 필요가 없어진다.

올바른 제품 책임자 선정

제품 책임자를 선정할 때는 주의를 기울여야 한다. 관리자는 제품 책임자가 가져야 할 바람직한 특성(1장에서 설명)뿐 아니라 제품, 도메인, 프로젝트 규모와 같은 다른 요소도 고려해야 한다. 어느 제품에 대한 최고의 제품 책임자가 다른 제품에는 잘 맞지 않을 수도 있기 때문에, 각 기업은 제품 책임자 역할을 채울 각자의 방법을 찾아야만 한다. 세일즈포스닷컴에서는 제품 관리자가 제품 책임자 역할을 하며 같은 부서에 속한다. 모바일닷디이에서는 각 사업부가 제품군이나 제품 피처를 책임지며, 제품 책임자 역할은 해당 사업부 구성원이 담당한다.[3] 모든 것이 다 그렇듯이, 스크럼도 백문이 불여일견이다. 기업이 수많은 스크럼 프로젝트를 진행하고 나면, 대부분 제품 책임자 역할을 배정하는 공통적인 방법이 저절로 나타난다.

---

3 2009년 6월 9일, 세일즈포스닷컴의 제품부문 수석 부사장인 브렛 퀴너와의 사적인 대화내용과 2009년 6월 18일, 모바일닷디이의 CTO인 필립 미슬러와의 대화 내용에서

제품 책임자에게 권한을 부여하고 지원하라

신참 제품 책임자가 자신의 새로운 역할에 익숙해지기까지는 시간과 신뢰, 그리고 지원이 필요하다. 새 제품 책임자는 이해당사자를 참여시키지 않거나, 스프린트를 방해하는 일 등 다양한 실수를 저지른다. 그런 실수는 배우는 과정의 일환이다. 수석 관리자는 제품 책임자에게 올바른 훈련과 코칭 방법을 제공함으로써 학습곡선을 일정하게 유지시켜야 한다. 세일즈포스닷컴에서 프라이와 그린은 자신들이 한 경험에 대해 "애자일 원리와 제품 백로그 생성, 사용자 스토리 설계, 추정 및 계획 수립 등에 제품 책임자를 초기부터 몰입시키고 훈련시키는 것이 모든 애자일 팀 성공의 열쇠였다. 초기 훈련 외에도 업무를 진행하는 내내 제품 책임자에게 지속적인 코칭을 해서 새로운 프로세스를 조직문화로 스며들게 하는 것이 중요하다."고 했다. 그들은 또한 기업에게 다음과 같은 조언을 한다. "전문적인 도움을 얻어라. 외부 코치는 이미 그 전에 같은 일을 경험해 보았기 때문에 담당자보다 먼저 장애물이 생길 것임을 안다. 외부 코치는 또한 유사한 상황을 겪었던 다른 기업 사례를 통해 여러분이 배울 수 있도록 도와줄 수 있다."[50]

제품 책임자에게 적절한 훈련을 시키는 것 외에도, 제품 책임자에게 권한을 부여하고 업무를 잘 해내기 위한 충분한 시간이 주어졌는지 확인해야 한다. 피처를 릴리스의 일부로 개발하는 것에 대한 가부 결정 권한이 없는 제품 책임자는, 스크럼 팀 구성원과 이해당사자 사이에서 신뢰를 잃을 수밖에 없다. 제품 책임자의 일은 하루 종일 일하는 전일제 업무다. 그 역할을 수행하는 제품 책임자가 과로하면 프로젝트는 힘들어진다. 제품 책임자를 다른 업무로부터 자유롭게 해준다면, 그들은 곧 프로젝트에 전념할 수 있는 능력을 갖게 될 것이다.

지속적인 제품 책임자 역할 활용

시장에서 제품 지배력을 유지하기 위해서는 제품 책임자를 발전시키는 데 필요한 조직 능력을 개발해야 한다. 그 일은 조직에 초기 지식을 전달하는 것보다 더 많은 일이 필요하다. 포괄적인 개발 프로그램을 만들고 제품 책임자 커뮤니티를 수립하는 일도 필요하다. 이와 같은 개발 프로그램을 만드는 데 효과적인 방법은 다음과 같다. 개발 프로그램을 제품 책임자 공동의 지혜를 기반으로 하고, 좋은 사례들과 개선된 기법을 찾기 위한 정기적 제품 책임자 워크샵을 개최함으로써, 프로그램 생성과정에 제품 책임자를 활발하게 참여시키는 것이다.

가끔은 제품 책임자 역할을 제대로 수립하기 위해 조직적인 변화가 필요하다. 소프트웨어 기반 솔루션을 제공하는 CIM customer interaction management 기업인 CSG 시스템즈를 예로 들어보자. CSG의 마우리시오 사모라 상무는 CSG 접근법을 다음과 같이 설명했다.[59]

> 우리는 모든 사람들을 대상으로 먼저 기존 제품 관리와 애자일 제품 책임자, 그리고 아키텍트 역할의 차이에 대한 교육을 실시했다. 이어, 제품 책임자 역할에 많은 관심을 가져야 한다고 경영진을 설득해야 했다. 애자일로 확보할 수 있는 가시성이 시장에서의 제품 지배력을 갖는 수준과의 차이점을 쉽게 확인시켜줘 설득력을 가질 수 있었다. 마지막으로, 새로운 제품 책임자라는 역할이 기존 조직도와 맞물리지 않아 조직 직급체계와 보상체계를 다듬어야 했다.

새로운 진로를 발견하고 기존에 있던 진로를 변경하고, 직원 선정 기준을 조정하고, 새로운 개발 프로그램을 개발하고, 심지어 새로운 조직 구조를 도입하는 일이 추가적으로 발생할 수 있는 변경사항이다.

성찰

제품 책임자 역할을 효과적으로 적용하기 위해서는, 애자일 제품 관리가 효과를 발휘하도록 만드는 일 외에도 많은 일이 필요하다. 그 역할을 수행하는 개인과 조직에게는 그 프로세스 자체가 학습과정이기도 하다. 다음과 같은 질문은 제품 책임자 역할로의 전환에 도움을 줄 것이다.

- 제품 책임자 역할 중 어떤 부분이 어려울 것이라고 예상되는가?
- 좋은 출발을 하기 위해 필요한 지식을 어떻게 습득할 수 있는가?
- 제품 책임자로 발전하고 성장할 수 있게 도와줄 수 있는 사람은 누구인가?
- 회사에 현재의 제품 책임자가 교류할 수 있는 다른 제품 책임자가 있는가?

수석 관리자는 제품 책임자를 선정하고 개발하는 것은 물론, 스크럼을 도입해서 성공시키는 데 중요한 역할을 한다. 따라서 리더는 자신의 조직에 제품 책임자 역할을 제대로 정립시키기 위해서 다음과 같은 질문을 살펴봐야 한다.

- 제품 책임자의 역할이 조직에 어떤 영향을 미칠 것인가?
- 성공적인 제품 책임자에게 가장 중요한 것은 무엇인가?
- 제품 책임자가 훌륭하게 업무를 수행하도록 도움을 주기 위해 당신이 할 수 있는 일은 무엇인가?
- 기업이 제품 책임자 역할을 효과적으로 적용하고, 유지하기 위한 방법은 무엇인가?

참고문헌

서적

[1] 『경험과 사례로 풀어낸 성공하는 애자일』 (인사이트, 2012, 마이크 콘 지음)

[2] 『구글은 일하는 방식이 다르다』 (예문, 2010, 버나드 지라드 지음)

[3] 『대규모 조직에 적용하는 린과 애자일 개발』 (케이앤피북스, 2012, 크레이그 라만, 바스 보드 지음)

[4] 『디자인 불변의 법칙 125가지』 (고려문화사, 2012, 윌리엄 리드웰, 크리티나 홀덴, 질 버틀러 지음)

[5] 『린 소프트웨어 개발: 애자일 실천 도구 22가지』 (인사이트, 2007, 메리 포펜딕, 톰 포펜딕 지음)

[6] 『린 솔루션: 소비자의 시간과 비용을 절약하라』 (바다출판사, 2007, 제임스 P. 워맥, 대니얼 T. 존스 지음)

[7] 『린하고 유연한 조직 만들기』 (삼일아카데미, 2010, 데니스 파스칼 지음)

[8] 『맨먼스 미신: 소프트웨어 공학에 관한 에세이』 (케이앤피북스, 2007, 프레더릭 P. 브룩스 지음)

[9] 『불확실성과 화해하는 프로젝트 추정과 계획』 (인사이트, 2008, 마이크 콘 지음)

[10] 『블록 버스터』 (청림출판, 2003, 게리 S. 린, 리처드 R. 라일리 지음)

[11] 『사용자 스토리』 (인사이트, 2006, 마이크 콘 지음)

[12] 『스크럼: 팀의 생산성을 극대화시키는 애자일 방법론』 (인사이트, 2008, 켄 슈와버, 마이크 비들 지음)

[13] 『엔터프라이즈 스크럼: 사례에 기반한 기업 차원의 스크럼 도입과 활용』 (에이콘출판, 2010, 켄 슈와버 지음)

[14] 『이상한 나라의 앨리스』(펭귄클래식코리아, 2010, 루이스 캐럴 지음)

[15] 『익스트림 프로그래밍』(인사이트, 2006, 켄트 벡, 신시아 안드레스 지음)

[16] 『정신병원에서 뛰쳐나온 디자인』(안그라픽스, 2004, 앨런 쿠퍼 지음)

[17] 『혁신기업의 딜레마: 미래를 준비하는 기업들의 파괴적 혁신 전략』(세종서적, 2009, 클레이튼 M. 크리스텐슨 지음)

[18] 『확신하는 그 순간에 다시 생각하라』(옥당, 2009, 시드니 핀켈스타인, 조 화이트헤드, 앤드류 캠벨 지음)

[19] 『Adrenaline Junkies and Template Zombies: Understanding Patterns of Project Behavior』(Dorset House, 2008, 톰 디마르코, 피터 후르슈카, 팀 리스터, 수잔 로버트슨, 제임스 로버트슨, 스티브 맥메나민 지음)

[20] 『Agile and Iterative Development: A Manager's Guide』(Addison-Wesley, 2004, 크레이그 라만 지음)

[21] 『Agile Project Management with Scrum 한국어판』(에이콘출판, 2012, 켄 슈와버 지음)

[22] 『Agile Project Management: Creating Innovative Products, 2nd edition』(Addison-Wesley, 2009, 짐 하이스미스 지음)

[23] 『Crossing the Chasm. Marketing and Selling Disruptive Products to Mainstream Customers, revised edition』(Collins Business Essentials, 2006, 제프리 A. 무어 지음)

[24] 『Crystal Clear: A Human-Powered Methodology for Small Teams』(Addison-Wesley, 2005, 앨리스터 콕번 지음)

[25] 『Developing Products in Half the Time: New Rules, New Tools』(John Wiley and Sons, 1998, 프레스턴 G. 스미스, 도널드 G. 라이넛슨 지음)

[26] 『Extreme Programming Explained: Embrace Change.』Addison-Wesley, 2000, 켄트 벡 지음)

[27] 『Extreme Programming in Practice』(Addison-Wesley, 2001, 제임스 뉴커크, 로버트 C. 마틴 지음)

[28] 『Facilitator's Guide to Participatory Decision-Making』(New Society Publishers, 1996, 샘 케이너, 레니 린드, 캐서린 톨디, 새라 피스크, 두에인 베르거 지음)

[29] 『Getting Real: The Smarter, Faster, Easier Way to Build a Successful Web Application』(37signals, 2006, 제이슨 프리드, 하이네마이어 한슨, 매튜 린더만 지음) https://gettingreal.37signals.com/

[30] 『Managing the Design Factory: A Product Developer's Toolkit』 (Free Press, 1997, 도널드 G. 라이넛슨 지음)

[31] 『Open Space Technology: A User's Guide, 2nd edition』 (Berrett-Koehler Publishers, 1997, 해리슨 오웬 지음)

[32] 『Planning Extreme Programming』 (Addison-Wesley, 2000, 켄트 벡, 마틴 파울러 지음)

[33] 『Principles of Software Engineering Management』 (Addison-Wesley, 1988, 톰 길브 지음)

[34] 『Proactive Risk Management: Controlling Uncertainty in Product Development』 (Productivity Press, 2002, 프레스턴 G. 스미스, 가이 M. 메리트 지음)

[35] 『Scrum—Agiles Projektmanagement erfolgreich einsetzen』 (dpunkt.verlag, 2008, 로만 피클러 지음)

[36] 『Software by Numbers: Low-Risk, High-Return Development』 (Sun Microsystems Press, 2004, 마크 덴네, 제인 클릴랜드-후앙 지음)

[37] 『The Fifth Discipline: The Art and Practice of the Learning Organization, revised and updated edition』 (Random House, 2006, 피터 M. 셍게 지음)

[38] 『The Innovator's Guide to Growth: Putting Disruptive Innovations to Work』 (Harvard Business School Press, 2008, 스콧 D. 앤서니, 마크 W. 존슨, 조셉 V. 신필드, 엘리자베스 J. 알트만 지음)

[39] 『The Laws of Simplicity』 (MIT Press, 2006, 존 마에다 지음)

[40] 『Winning at New Products: Accelerating the Process from Idea to Launch, 3rd edition』 (Perseus, 2001, 로버트 G. 쿠퍼 지음)

저널, 강연, 블로그

[41] '애자일 소프트웨어 개발 선언문' (2001, 켄트 벡 외) http://agilemanifesto.org, http://agilemanifesto.org/principles.html

[42] 'Attractive Quality and Must-Be Quality.' Journal of the Japanese Society for Quality Control, April, 39-48 (1984, 노리아키 카노)

[43] 'CEO and Team: Collective Product Ownership at Oxygen Media.' Presentation at the Scrum Gathering, London (2007, 켄 H. 주디)

[44] 'Distributed Agile Development and the Death of Distance.' Cutter Consortium Executive Report, Sourcing and Vendor Relationships 5, no. 4. (2004, 매튜 사이먼스)

[45] 'Future of Scrum: Parallel Pipelining of Sprints in Complex Projects.' Proceedings of the Agile Development Conference, 90-102 (2005, 제프 서덜랜드)

[46] 'How Do Committees Invent?' Datamation, April, 28-31 (1968, 멜빈 E. 콘웨이)

[47] 'How Pixar Fosters Collective Creativity.' Harvard Business Review, September, 64-72 (2008, 에드 캣멀)

[48] 'Inside Chrome: The Secret Project to Crush IE and Remake the Web.' Wired, no. 16 (2008, 스티븐 레비), www.wired.com/techbiz/it/magazine/16-10/mf_chrome

[49] 'INVEST in Good Stories, and SMART Tasks.' (2003, 빌 웨이크) www.xp123.com/xplor/xp0308/index.shtml

[50] 'Large Scale Agile Transformation in an On-Demand World.' Paper presented at AGILE 2007, August 13-17, IEEE, 136-42 (2007, 크리스 프라이, 스티브 그린)

[51] 'Marketing Myopia.' Harvard Business Review 38, no. 4, 45-56 (1960, 시어도어 레빗)

[52] 'Nine Lessons Learned about Creativity at Google.' Presentation at Stanford University (2006, 마리사 메이어)

[53] 'Product Owner at SAP-A New Job Title Developed.' Presentation at ObjektForum, Stuttgart (2008, 크리스천 슈미드콘즈)

[54] 'Scrum Guide.' Scrum Alliance (2009, 켄 슈와버)

[55] 'The Product Owner in the Agile Enterprise.' Agile Journal, April 6 (2009, 딘 레핑웰)

[56] 'The Sprint Review: Mastering the Art of Feedback.' (2009, 밥 샤츠) www.scrumalliance.org/articles/124-the-sprintreview-mastering-the-art-of-feedback

[57] 'The WyCash Portfolio Management System.' OOPSLA 1992 Experience Report (1992, 워드 커닝햄) http://c2.com/doc/oopsla92.html

[58] 'What to Do When Stakeholders Matter: Stakeholder Identification and Analysis Techniques.' Public Management Review 6, no. 1, 21-53. (2004, 존 M. 브라이슨)

[59] 'Working in Close.' (2008, 브라이언 오버커치) www.43folders.com/2008/01/11/working-close

[60] 'Writing the Product Backlog Just Enough and Just in Time.' Scrum Alliance Weekly Column, February 12 (2008, 마이크 콘) www.scrumalliance.org/articles/87-writing-the-product-backlog-just-enough-and-just-in-time.

[61] 'Year of Living Dangerously: How Salesforce.com Delivered Extraordinary Results through a 'Big-Bang' Enterprise Agile Revolution.' Presentation at the Scrum Gathering, Chicago (2008, 스티브 그린, 크리스 프라이)

찾아보기

에이콘 **애자일** 시리즈

1

엔터프라이즈급 애자일 방법론

프로젝트 규모 확장에 따른 애자일 기법과 사례

딘 레핑웰 지음 | 제갈호준, 이주형, 김택구 옮김

9788960770591 | 416페이지 | 2008-10-09 | 35,000원

'애자일 방법론은 대규모 프로젝트, 엔터프라이즈급 환경에는 적합하지 않다'는 잘못된 통념은 이제 사라져야 한다. 이 책에서는 대기업이나 대규모 프로젝트에 적용하는 데 필요한 베스트 프랙티스뿐 아니라 조직이 갖춰야 할 인프라와 조직의 문화적인 측면까지 폭넓게 다루며 개발 역량을 높이기 위해 필요한 사항을 구체적으로 제시한다.

2

엔터프라이즈 애자일 프로젝트 관리

기업의 경쟁력 향상을 위한 혁신적인 애자일 포트폴리오 관리

요헨 크렙스 지음 | 박현철, 류미경 옮김

9788960771406 | 300페이지 | 2010-06-22 | 25,000원

정보사회가 가속화되면서 변화하는 비즈니스 환경에 대한 빠른 대응이 더욱 중요해지고, 대형 소프트웨어 프로젝트도 점차 증가하고 있는 현실에 대해 혁신적인 방법의 대형 애자일 프로젝트 관리 체계를 제시하는 책이다. 미래의 불확실성과 복잡성을 타개할 통찰을 얻고자 한다면, 이 책에서 다양한 관점을 통한 문제 해결과 베스트 프랙티스를 찾아보기 바란다.

3

엔터프라이즈 스크럼

사례에 기반한 기업 차원의 스크럼 도입과 활용

켄 슈와버 지음 | 황상철 옮김

9788960771574 | 248페이지 | 2010-10-29 | 25,000원

스크럼 창안자 중 한 명으로 유명한 저자 켄 슈와버의 오랜 경험에서 우러난 검증된 실천법과 사례연구를 통해 기업에서 스크럼을 도입하기 위해 알아야 할 모든 것을 담아낸 필독서다. 스크럼의 도입과 활용, 개발 프로세스에서의 투명성, 통찰을 얻을 수 있는 다양한 스크럼 일화 등 주옥 같은 내용을 실었다.

4

Agile Project Management with Scrum 한국어판

켄 슈와버 지음 | 박현철, 류미경 옮김

9788960772861 | 240페이지 | 2012-03-27 | 25,000원

스크럼의 공동 창시자인 켄 슈와버가 제시하는 스크럼의 근본 원칙과 여러 실제 사례가 담겨 있으며, 애자일 프로젝트 관리를 수행했던 많은 회사에 대한 저자의 다양한 코칭 경험과, 성공과 실패에 대한 살아있는 교훈이 있다. 복잡함을 해결하는 스크럼의 새로운 역할, 기존 조직을 설득하고 타협해가는 지혜, 프로젝트를 성공시키는 팀웍과 경험들을 이야기로 들려주면서, 더 가치 있는 소프트웨어를 더 빠르게 만드는 방법을 책 전반에 제시한다.

5

스크럼으로 소프트웨어 제품 관리하기

비즈니스 전략에 맞춘 고객과 사용자 중심의 소프트웨어 개발 전략

로만 피클러 지음 | 박현철, 류미경 옮김

9788960774209 | 184페이지 | 2013-04-23 | 24,000원

소프트웨어 제품이 갖는 개발의 비가시성을 극복하면서도, 어떻게 고객이 원하는 제품을 빠르고, 효과적으로 만들 수 있을까? 이 책은 실제 제품이나 시스템을 만들어본 경험이 있는 다양한 이해당사자들, 즉 고객, 사용자, 개발자, 운영팀, 관리자, 아키텍트, 모델러 등을 위한 책으로, 고객이 원하는 소프트웨어 제품 개발 경험을 간결하면서도 명확하게 제시한다. 기업의 비즈니스 가치를 중요하게 생각하고, IT를 조직에 효과적으로 적용하려는 목적을 갖고 있는 사람이라면, 누구나 관심을 가져야 할 내용이며, IT 리더라면 반드시 알고 활용해야 할 내용을 담고 있다.

에이콘출판의 기틀을 마련하신 故 정완재 선생님 (1935-2004)

스크럼으로 소프트웨어 제품 관리하기
비즈니스 전략에 맞춘 고객과 사용자 중심의 소프트웨어 개발 전략

인 쇄 | 2013년 4월 16일
발 행 | 2013년 4월 23일

지은이 | 로만 피클러
옮긴이 | 박 현 철 • 류 미 경

펴낸이 | 권 성 준
엮은이 | 김 희 정
김 미 선
황 지 영
디자인 | 선우숙영

인 쇄 | (주)갑우문화사
용 지 | 한신P&L(주)

에이콘출판주식회사
경기도 의왕시 내손동 757-3 (437-836)
전화 02-2653-7600, 팩스 02-2653-0433
www.acornpub.co.kr / editor@acornpub.co.kr

ISBN 978-89-6077-420-9
ISBN 978-89-6077-139-0 (세트)
http://www.acornpub.co.kr/book/scrum-product

이 도서의 국립중앙도서관 출판시도서목록(CIP)은 e-CIP홈페이지(http://www.nl.go.kr/ecip)와
국가자료공동목록시스템(http://www.nl.go.kr/kolisnet)에서 이용하실 수 있습니다. (CIP제어번호 : CIP2013003479)

책값은 뒤표지에 있습니다.